清华大学优秀博士学位论文丛书

天然气水合物分解多物理化学场耦合机理的孔隙尺度研究

杨君宇（Yang Junyu）著

Pore-Scale Study of Multiple Physicochemical Coupling Mechanism during Methane Hydrate Dissociation

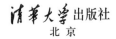
清華大学出版社
北京

内 容 简 介

本书针对天然气水合物资源开采问题,从孔隙尺度出发,构建了针对天然气水合物分解过程多物理化学场耦合问题的数值模型,开展了天然气水合物分解过程的数值模拟研究。利用孔隙尺度数值模拟,本书分析了天然气水合物分解过程多物理化学场控制机制,从热质传递角度揭示了影响天然气水合物分解速率的控制因素,改进了天然气水合物生产预测的经验模型,推动了水合物分解过程的尺度升级研究,为实现天然气水合物高效开发提供了理论基础。

本书立足水合物分解过程中的热质传递规律这一科学问题,聚焦水合物开采前沿技术领域,适合从事能源工程、油藏工程等相关领域的读者阅读。

图书在版编目(CIP)数据

天然气水合物分解多物理化学场耦合机理的孔隙尺度研究/杨君宇著. —北京:清华大学出版社,2024.5

(清华大学优秀博士学位论文丛书)

ISBN 978-7-302-66248-8

Ⅰ.①天… Ⅱ.①杨… Ⅲ.①天然气水合物-分离-研究 Ⅳ.①P618.13

中国国家版本馆 CIP 数据核字(2024)第 096482 号

责任编辑:戚 亚
封面设计:傅瑞学
责任校对:欧 洋
责任印制:杨 艳

出版发行:清华大学出版社
   网   址:https://www.tup.com.cn,https://www.wqxuetang.com
   地   址:北京清华大学学研大厦 A 座   邮   编:100084
   社 总 机:010-83470000   邮   购:010-62786544
   投稿与读者服务:010-62776969,c-service@tup.tsinghua.edu.cn
   质量反馈:010-62772015,zhiliang@tup.tsinghua.edu.cn
印 装 者:小森印刷(北京)有限公司
经 销:全国新华书店
开 本:155mm×235mm 印 张:11.25 字 数:187 千字
版 次:2024 年 5 月第 1 版   印 次:2024 年 5 月第 1 次印刷
定 价:129.00 元

产品编号:103122-01

一流博士生教育
体现一流大学人才培养的高度（代丛书序）①

人才培养是大学的根本任务。只有培养出一流人才的高校，才能够成为世界一流大学。本科教育是培养一流人才最重要的基础，是一流大学的底色，体现了学校的传统和特色。博士生教育是学历教育的最高层次，体现出一所大学人才培养的高度，代表着一个国家的人才培养水平。清华大学正在全面推进综合改革，深化教育教学改革，探索建立完善的博士生选拔培养机制，不断提升博士生培养质量。

学术精神的培养是博士生教育的根本

学术精神是大学精神的重要组成部分，是学者与学术群体在学术活动中坚守的价值准则。大学对学术精神的追求，反映了一所大学对学术的重视、对真理的热爱和对功利性目标的摒弃。博士生教育要培养有志于追求学术的人，其根本在于学术精神的培养。

无论古今中外，博士这一称号都和学问、学术紧密联系在一起，和知识探索密切相关。我国的博士一词起源于 2000 多年前的战国时期，是一种学官名。博士任职者负责保管文献档案、编撰著述，须知识渊博并负有传授学问的职责。东汉学者应劭在《汉官仪》中写道："博者，通博古今；士者，辩于然否。"后来，人们逐渐把精通某种职业的专门人才称为博士。博士作为一种学位，最早产生于 12 世纪，最初它是加入教师行会的一种资格证书。19 世纪初，德国柏林大学成立，其哲学院取代了以往神学院在大学中的地位，在大学发展的历史上首次产生了由哲学院授予的哲学博士学位，并赋予了哲学博士深层次的教育内涵，即推崇学术自由、创造新知识。哲学博士的设立标志着现代博士生教育的开端，博士则被定义为独立从事学术研究、具备创造新知识能力的人，是学术精神的传承者和光大者。

---

① 本文首发于《光明日报》，2017 年 12 月 5 日。

博士生学习期间是培养学术精神最重要的阶段。博士生需要接受严谨的学术训练，开展深入的学术研究，并通过发表学术论文、参与学术活动及博士论文答辩等环节，证明自身的学术能力。更重要的是，博士生要培养学术志趣，把对学术的热爱融入生命之中，把捍卫真理作为毕生的追求。博士生更要学会如何面对干扰和诱惑，远离功利，保持安静、从容的心态。学术精神，特别是其中所蕴含的科学理性精神、学术奉献精神，不仅对博士生未来的学术事业至关重要，对博士生一生的发展都大有裨益。

独创性和批判性思维是博士生最重要的素质

博士生需要具备很多素质，包括逻辑推理、言语表达、沟通协作等，但是最重要的素质是独创性和批判性思维。

学术重视传承，但更看重突破和创新。博士生作为学术事业的后备力量，要立志于追求独创性。独创意味着独立和创造，没有独立精神，往往很难产生创造性的成果。1929 年 6 月 3 日，在清华大学国学院导师王国维逝世二周年之际，国学院师生为纪念这位杰出的学者，募款修造"海宁王静安先生纪念碑"，同为国学院导师的陈寅恪先生撰写了碑铭，其中写道："先生之著述，或有时而不章；先生之学说，或有时而可商；惟此独立之精神，自由之思想，历千万祀，与天壤而同久，共三光而永光。"这是对于一位学者的极高评价。中国著名的史学家、文学家司马迁所讲的"究天人之际，通古今之变，成一家之言"也是强调要在古今贯通中形成自己独立的见解，并努力达到新的高度。博士生应该以"独立之精神、自由之思想"来要求自己，不断创造新的学术成果。

诺贝尔物理学奖获得者杨振宁先生曾在 20 世纪 80 年代初对到访纽约州立大学石溪分校的 90 多名中国学生、学者提出："独创性是科学工作者最重要的素质。"杨先生主张做研究的人一定要有独创的精神、独到的见解和独立研究的能力。在科技如此发达的今天，学术上的独创性变得越来越难，也愈加珍贵和重要。博士生要树立敢为天下先的志向，在独创性上下功夫，勇于挑战最前沿的科学问题。

批判性思维是一种遵循逻辑规则、不断质疑和反省的思维方式，具有批判性思维的人勇于挑战自己，敢于挑战权威。批判性思维的缺乏往往被认为是中国学生特有的弱项，也是我们在博士生培养方面存在的一个普遍问题。2001 年，美国卡内基基金会开展了一项"卡内基博士生教育创新计划"，针对博士生教育进行调研，并发布了研究报告。该报告指出：在美国和欧洲,培养学生保持批判而质疑的眼光看待自己、同行和导师的观点同样非常不容易,批判性思维的培养必须成为博士生培养项目的组成部分。

对于博士生而言,批判性思维的养成要从如何面对权威开始。为了鼓励学生质疑学术权威、挑战现有学术范式,培养学生的挑战精神和创新能力,清华大学在 2013 年发起"巅峰对话",由学生自主邀请各学科领域具有国际影响力的学术大师与清华学生同台对话。该活动迄今已经举办了 21 期,先后邀请 17 位诺贝尔奖、3 位图灵奖、1 位菲尔兹奖获得者参与对话。诺贝尔化学奖得主巴里·夏普莱斯(Barry Sharpless)在 2013 年 11 月来清华参加"巅峰对话"时,对于清华学生的质疑精神印象深刻。他在接受媒体采访时谈道:"清华的学生无所畏惧,请原谅我的措辞,但他们真的很有胆量。"这是我听到的对清华学生的最高评价,博士生就应该具备这样的勇气和能力。培养批判性思维更难的一层是要有勇气不断否定自己,有一种不断超越自己的精神。爱因斯坦说:"在真理的认识方面,任何以权威自居的人,必将在上帝的嬉笑中垮台。"这句名言应该成为每一位从事学术研究的博士生的箴言。

提高博士生培养质量有赖于构建全方位的博士生教育体系

一流的博士生教育要有一流的教育理念,需要构建全方位的教育体系,把教育理念落实到博士生培养的各个环节中。

在博士生选拔方面,不能简单按考分录取,而是要侧重评价学术志趣和创新潜力。知识结构固然重要,但学术志趣和创新潜力更关键,考分不能完全反映学生的学术潜质。清华大学在经过多年试点探索的基础上,于 2016 年开始全面实行博士生招生"申请-审核"制,从原来的按照考试分数招收博士生,转变为按科研创新能力、专业学术潜质招收,并给予院系、学科、导师更大的自主权。《清华大学"申请-审核"制实施办法》明晰了导师和院系在考核、遴选和推荐上的权力和职责,同时确定了规范的流程及监管要求。

在博士生指导教师资格确认方面,不能论资排辈,要更看重教师的学术活力及研究工作的前沿性。博士生教育质量的提升关键在于教师,要让更多、更优秀的教师参与到博士生教育中来。清华大学从 2009 年开始探索将博士生导师评定权下放到各学位评定分委员会,允许评聘一部分优秀副教授担任博士生导师。近年来,学校在推进教师人事制度改革过程中,明确教研系列助理教授可以独立指导博士生,让富有创造活力的青年教师指导优秀的青年学生,师生相互促进、共同成长。

在促进博士生交流方面,要努力突破学科领域的界限,注重搭建跨学科的平台。跨学科交流是激发博士生学术创造力的重要途径,博士生要努力提升在交叉学科领域开展科研工作的能力。清华大学于 2014 年创办了"微沙龙"平台,同学们可以通过微信平台随时发布学术话题,寻觅学术伙伴。3 年来,博士生参与和发起"微沙龙"12 000 多场,参与博士生达 38 000 多人次。"微沙龙"促进了不同学科学生之间的思想碰撞,激发了同学们的学术志趣。清华于 2002 年创办了博士生论坛,论坛由同学自己组织,师生共同参与。博士生论坛持续举办了 500 期,开展了 18 000 多场学术报告,切实起到了师生互动、教学相长、学科交融、促进交流的作用。学校积极资助博士生到世界一流大学开展交流与合作研究,超过 60% 的博士生有海外访学经历。清华于 2011 年设立了发展中国家博士生项目,鼓励学生到发展中国家亲身体验和调研,在全球化背景下研究发展中国家的各类问题。

在博士学位评定方面,权力要进一步下放,学术判断应该由各领域的学者来负责。院系二级学术单位应该在评定博士论文水平上拥有更多的权力,也应担负更多的责任。清华大学从 2015 年开始把学位论文的评审职责授权给各学位评定分委员会,学位论文质量和学位评审过程主要由各学位分委员会进行把关,校学位委员会负责学位管理整体工作,负责制度建设和争议事项处理。

全面提高人才培养能力是建设世界一流大学的核心。博士生培养质量的提升是大学办学质量提升的重要标志。我们要高度重视、充分发挥博士生教育的战略性、引领性作用,面向世界、勇于进取,树立自信、保持特色,不断推动一流大学的人才培养迈向新的高度。

邱勇

清华大学校长

2017 年 12 月

丛书序二

以学术型人才培养为主的博士生教育，肩负着培养具有国际竞争力的高层次学术创新人才的重任，是国家发展战略的重要组成部分，是清华大学人才培养的重中之重。

作为首批设立研究生院的高校，清华大学自20世纪80年代初开始，立足国家和社会需要，结合校内实际情况，不断推动博士生教育改革。为了提供适宜博士生成长的学术环境，我校一方面不断地营造浓厚的学术氛围，一方面大力推动培养模式创新探索。我校从多年前就已开始运行一系列博士生培养专项基金和特色项目，激励博士生潜心学术、锐意创新，拓宽博士生的国际视野，倡导跨学科研究与交流，不断提升博士生培养质量。

博士生是最具创造力的学术研究新生力量，思维活跃，求真求实。他们在导师的指导下进入本领域研究前沿，吸取本领域最新的研究成果，拓宽人类的认知边界，不断取得创新性成果。这套优秀博士学位论文丛书，不仅是我校博士生研究工作前沿成果的体现，也是我校博士生学术精神传承和光大的体现。

这套丛书的每一篇论文均来自学校新近每年评选的校级优秀博士学位论文。为了鼓励创新，激励优秀的博士生脱颖而出，同时激励导师悉心指导，我校评选校级优秀博士学位论文已有20多年。评选出的优秀博士学位论文代表了我校各学科最优秀的博士学位论文的水平。为了传播优秀的博士学位论文成果，更好地推动学术交流与学科建设，促进博士生未来发展和成长，清华大学研究生院与清华大学出版社合作出版这些优秀的博士学位论文。

感谢清华大学出版社，悉心地为每位作者提供专业、细致的写作和出版指导，使这些博士论文以专著方式呈现在读者面前，促进了这些最新的优秀研究成果的快速广泛传播。相信本套丛书的出版可以为国内外各相关领域或交叉领域的在读研究生和科研人员提供有益的参考，为相关学科领域的发展和优秀科研成果的转化起到积极的推动作用。

感谢丛书作者的导师们。这些优秀的博士学位论文,从选题、研究到成文,离不开导师的精心指导。我校优秀的师生导学传统,成就了一项项优秀的研究成果,成就了一大批青年学者,也成就了清华的学术研究。感谢导师们为每篇论文精心撰写序言,帮助读者更好地理解论文。

感谢丛书的作者们。他们优秀的学术成果,连同鲜活的思想、创新的精神、严谨的学风,都为致力于学术研究的后来者树立了榜样。他们本着精益求精的精神,对论文进行了细致的修改完善,使之在具备科学性、前沿性的同时,更具系统性和可读性。

这套丛书涵盖清华众多学科,从论文的选题能够感受到作者们积极参与国家重大战略、社会发展问题、新兴产业创新等的研究热情,能够感受到作者们的国际视野和人文情怀。相信这些年轻作者们勇于承担学术创新重任的社会责任感能够感染和带动越来越多的博士生,将论文书写在祖国的大地上。

祝愿丛书的作者们、读者们和所有从事学术研究的同行们在未来的道路上坚持梦想,百折不挠! 在服务国家、奉献社会和造福人类的事业中不断创新,做新时代的引领者。

相信每一位读者在阅读这一本本学术著作的时候,在吸取学术创新成果、享受学术之美的同时,能够将其中所蕴含的科学理性精神和学术奉献精神传播和发扬出去。

清华大学研究生院院长

2018 年 1 月 5 日

导师序言

在全社会低碳转型的形势下,天然气水合物因其清洁低碳、能量密度高、资源丰富等特点,开发潜力巨大。但人们对于天然气水合物在储层内的特殊赋存状态以及在开采过程中多物理化学场耦合控制机制缺乏认识,导致了天然气水合物开采技术生产预测误差大和效率低下等技术难题。杨君宇在深刻认识国内外相关研究现状的基础上直面难题,从孔隙尺度出发,开展了天然气水合物分解过程多物理化学场控制机制研究。本书具有突出的学科交叉特点,杨君宇在扎实的本学科流动传热传质理论基础上,大量补充油气开采、数值方法等方面的知识,融通创新,解决了开放体系跨相传质的建模难点和大密度比、多组分多相体系中非均相反应计算的数值难题;揭示了热质传递对水合物分解速率的影响机制;探究了不同气水运移条件下水合物分解模式并给出控制机制相图;获得了不同水合物分解模式下的渗流模型和水合物表面积模型;提高了天然气水合物生产预测模型的准确性。

本书在机理认识和数值模拟方法等方面均进行了创新探索,为实现天然气水合物高效开发提供了理论基础。在研究过程中,杨君宇对每一个阶段的推进均深入思考并严谨论证,表现出非常优秀的研究素养和能力。希望他继续潜心学问,在学术道路上不断披荆斩棘,勇攀高峰。

史琳

2023 年 7 月

摘　要

　　天然气水合物资源在全球分布广泛、储量丰富，是具有实用前景的清洁能源。然而目前天然气水合物开采仍面临生产效率低下等技术难题，至今未能实现大规模商业开发。由于天然气水合物分解是多孔介质中复杂的多物理化学问题，从孔隙尺度出发，认识水合物分解控制机制，对指导水合物高效开采具有重要意义。本书针对天然气水合物分解过程开展了孔隙尺度研究，分析了水合物分解过程多物理化学场控制机制，推动了水合物分解过程的尺度升级研究，为实现天然气水合物高效开发提供了理论基础。

　　本书基于格子玻尔兹曼（lattice Boltzmann，LB）方法，构建了耦合多相流动、跨相传质、共轭传热、非均相反应、固相演化的孔隙尺度数值模型，用于模拟封闭多孔介质结构中天然气水合物分解所涉及的多物理化学场耦合问题。针对开放体系中甲烷的跨相传质问题，提出了耦合连续组分输运（continuum species transport，CST）模型的 LB 方法，即 CST-LB 模型。针对 CST-LB 模型，提出了非均相化学反应边界条件处理格式；针对多组分伪势 LB 模型，提出了改进的局部平均虚拟密度润湿边界处理格式，实现了开放体系天然气水合物多场耦合问题的数值模型的构建。

　　利用构建的多场耦合数值模型，本书针对天然气水合物分解控制机制的认识开展了孔隙尺度数值研究。通过方腔水合物降压分解过程的数值计算，认识了传热传质的影响机制；通过数值模拟与实验结果的对比，确定了水合物分解实际控制机制为扩散控制，指出了传质限制作用是影响天然气水合物分解速率的主导因素；通过模拟多孔介质储层中注 N_2 驱替法分解水合物的过程，研究了气水运移规律对水合物分解过程的影响，明确了不同气水运移条件下的水合物分解模式，量化了不同分解模式下传热传质的限制作用与竞争关系，获得了天然气水合物分解模式相图。这些控制机制研究为天然气水合物开采方案的改进提供了理论基础。

　　基于对水合物分解过程控制机制的认识，本书提出了基于有效水层厚度的修正反应动力学模型,使表征单元体积(representative element volume,REV)尺度动力学模型的修正具有更明确的物理意义;基于不同水合物分解模式固相结构演化规律,获得了渗流模型、水合物表面积模型等参数,说明了渗流模型应根据水合物分解模式进行选取。这些尺度升级研究推动了天然气水合物生产预测准确性的提高。

关键词:天然气水合物;多物理化学场耦合;孔隙尺度;格子玻尔兹曼方法

Abstract

Methane hydrate is widely distributed in the world with abundant reserves, which is regarded as a promising clean energy resource. However, methane hydrate exploitation still faces numerous technical difficulties and commercial development has not been achieved. Since the methane hydrate dissociation involves complicated multiple physicochemical mechanisms within the porous media, pore-scale understanding of the controlling mechanisms is significant to improve the production practice. This book carried out the pore-scale numerical investigation of the methane hydrate dissociation process. The multiple physicochemical mechanisms were analyzed and the upscaling work for the production forecast was conducted, which aimed to provide a theoretical basis for the high-efficiency development of methane hydrate reservoir.

In this book, the numerical model based on lattice Boltzmann method was proposed by coupling the multiphase fluid flow, interfacial mass transport, conjugate heat transport, heterogeneous chemical reaction and solid structure evolution. This model can simulate methane hydrate dissociation process in the closed porous structure. To simulate interfacial mass transport in the open system, the continuum species transport-lattice Boltzmann (CST-LB) model was proposed. Moreover, the boundary scheme of the heterogeneous chemical reaction was derived for the CST-LB model, and an improved wetting boundary scheme named the local-average virtual density scheme was proposed for the multicomponent pseudopotential model. By involving the CST-LB model with suitable boundary schemes, the numerical simulation of methane hydrate dissociation in the open system can be realized.

Using the proposed numerical models, a pore-scale numerical study was conducted on the methane hydrate dissociation process. By computing the depressurization dissociation process of methane hydrate in the square cavity, the role of mass-transport-limitation and heat-transport-limitation was identified. Hereafter, the actual controlling mechanism of the methane hydrate dissociation was determined by comparing the numerical and experimental results. The mass-transport-limitation proved to be the dominant factor affecting the methane hydrate dissociation rate. Methane hydrate dissociation in the porous media with N_2 flooding was simulated to understand the effect of gas-water migration on the dissociation process. The methane hydrate dissociation patterns under different fluid flow conditions were classified and the limitation effect and competition relationship of heat and mass transport was quantified. According to the analyses of the dissociation patterns and controlling mechanisms, the regime diagram of the methane hydrate dissociation patterns was obtained. These numerical works on the controlling mechanisms provided the theoretical basis for the improvement of methane hydrate development technique.

Based on the understanding of the controlling mechanisms, a modified dissociation kinetic model was proposed with the equivalent water layer thickness for the representative element volume (REV) scale modeling. Moreover, the permeability model and hydrate surface area model were computed with the solid structure evolution scheme of different dissociation patterns. The results proved that the permeability model should consider the dissociation mechanisms. These upscaling investigations help to improve the accuracy of the methane hydrate production forecast.

Keywords: methane hydrate; multiple physicochemical coupling; pore-scale study; lattice Boltzmann method

符号和缩略语说明

A_s	水合物表面积,m^2
C	浓度,mol/L
c_p	比定压热容,kJ/(kg·K)
D	扩散系数,m^2/s
Da	达姆科勒(Damköhler)数
E_A	活化能,kJ/mol
$\boldsymbol{e}_\alpha$	格子玻尔兹曼方法离散速度
$\boldsymbol{F}$	格子玻尔兹曼方法外力项
f_α	格子玻尔兹曼方法密度分布函数
f_α^{eq}	格子玻尔兹曼方法平衡态密度分布函数
g_α	格子玻尔兹曼方法浓度分布函数
g_α^{eq}	格子玻尔兹曼方法平衡态浓度分布函数
h_α	格子玻尔兹曼方法温度分布函数
h_α^{eq}	格子玻尔兹曼方法平衡态温度分布函数
J_α	格子玻尔兹曼方法 D2Q5 模型权重系数
K	渗透率,m^2
k	反应速率常数,m/s
L	特征长度,m
Le	刘易斯(Lewis)数
$\boldsymbol{M}$	格子玻尔兹曼方法多松弛时间模型转换矩阵
MW	相对分子质量,kg/mol
$\boldsymbol{m}^{eq}$	格子玻尔兹曼方法多松弛时间模型平衡矩
Nu	努塞特(Nusselt)数
Pe	佩克莱(Péclet)数
Pr	普朗特(Prandtl)数

p	压力,MPa
R	气体常数,kJ/(mol·K)
Ra	瑞利(Rayleigh)数
r	反应速率,mol/(m²·s)
$\boldsymbol{S}$	松弛时间对角矩阵
Sc	施密特(Schmidt)数
S_M	格子玻尔兹曼方法质量源项
S_r	格子玻尔兹曼方法反应热源项
T	温度,K
t	时间,s
$\boldsymbol{u}$	速度,m/s
$\boldsymbol{w}$	格子玻尔兹曼方法权重系数
x_σ	相分数

希腊字母

ΔH	反应焓,kJ/mol
ξ	体黏度系数,m²/s
θ	接触角
λ	导热系数,W/(m·K)
υ	运动黏度系数,m²/s
ρ	密度,kg/m³
ϕ	蒂勒(Thiele)模量
ϕ_{por}	孔隙度
χ	热扩散系数,m²/s
φ	格子玻尔兹曼方法多组分多相伪势模型的伪势
ψ	格子玻尔兹曼方法单组分多相伪势模型的伪势

角标

f	流体相
g	气相
h	水合物相
s	固相
w	水相

目　录

Contents

第1章 绪 论

1.1 研究背景及意义

随着社会经济的发展,我国对于能源的需求不断增加,能源问题已成为当今社会发展的重要议题。同时,为应对全球变暖的气候问题,我国正式提出了碳达峰、碳中和的战略目标[1],《中共中央 国务院关于完整准确全面贯彻新发展理念做好碳达峰碳中和工作的意见》中明确指出,"严格控制化石能源消费""加快推进页岩气、煤层气、致密油气等非常规油气资源规模化开发"[1],寻找清洁、高效的新型能源,对于解决我国能源环境问题至关重要。

天然气水合物又称"可燃冰",在全球分布广泛,储量丰富[2,3],其能量存储密度高,相比于其他化石能源更加清洁高效,因而受到了世界各国的广泛关注[4-11]。在我国青藏高原、南海海域等地,也发现了大量天然气水合物矿藏[12-14]。仅南海海域,预估的天然气储量就高达 6.5×10^{13} m³[5],因此,天然气水合物的高效开发对于保障我国能源安全意义重大。截至目前,世界各国(包括日本、美国、印度等)先后进行了天然气水合物的开采尝试。我国近年来也在南海神狐海域先后进行了天然气水合物的两次试采工作[15-19],并取得了突破性进展,第二轮的试采日均产气量达 2.87×10^4 m³[20],因而,我国天然气水合物资源的开发具有广阔的前景。

天然气水合物是由氢键连接的水分子笼形结构和甲烷客体分子组成的晶体结构,相平衡线如图 1.1 所示,其稳定存在需要较高压力和较低温度的地层条件。要实现天然气水合物的开采,需要破坏水合物在储层中的相平衡,从而促进水合物的分解[21,22]。如图 1.2 所示[23],常规的天然气水合物开采方法包括降压法[24]、热激法[25,26]和注抑制剂法[27,28]。近年来,也有学者提出了通过二氧化碳/氮气置换天然气水合物的方法[22,29-33]。其中降压法通过抽取储层内流体降低储层压力,破坏天然气水合物的相平衡,促进水合物的分解,进而实现天然气水合物的开采[34]。降压法开采工艺相对简单,且无需向储层提供多余的能量,与其他开采方法相比具有更高的能量利用效率[10],在世界各国的试采项目中得到了广泛应用。热激法通过提高储层温度,破坏水合物相平衡,进而实现水合物的开采[21],常用的加热方法包括向井中注热水或蒸气[25]、电加热[35]、微波加热[36]、原位燃烧[37]等方式,且通常与降压法配合使用[24,38]。注抑制剂法通过注入化学抑制剂,改变天然气水合物的相平衡,使平衡态偏离地层温度压力条件,促使水合物分解,进而达到开采的目的[39]。二氧化碳/氮气置换法通过向地层注入二氧化碳(CO_2)和氮气(N_2),利用 CO_2 和 N_2 进入水合物笼形结构内,置换出甲烷(CH_4)分子,在实现天然气水合物开采的同时完成了 CO_2 的地质封存。另外,置换过程形成的 CO_2 水合物能够起到稳定储层力学结构的作用,降低了水合物开采过程的地质风险。

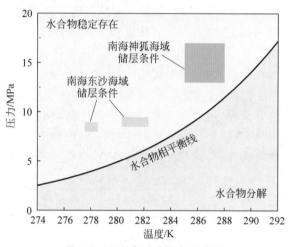

图 1.1   天然气水合物相平衡线

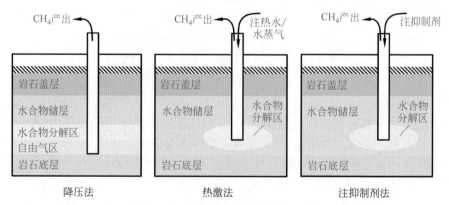

图 1.2   天然气水合物常规开采方法

针对上述水合物开采方案,相关研究近年来正不断开展,然而,目前天然气水合物的开采仍面临诸多问题。如采用降压法开采时,由于水合物分解导致的温度、压力变化,会引发水合物的再生成或结冰现象[40-42],堵塞储层及管路,导致开采效率低下;热激法开采过程中大量的热量在管道或储层中被耗散,能量利用效率较低;二氧化碳/氮气置换法目前仍面临置换率低、置换速度慢等问题[22]。同时,在天然气水合物储层钻井开采的过程中会面临诸多安全风险[43],包括天然气泄漏引发温室效应[44],水合物分解过程中储层力学特性变化、压力突变等造成的地层塌陷和井壁失稳等问题[45,46]。受限于对水合物分解过程热力学和动力学认识的不足,目前的生产预测模型很难准确描述水合物开采过程,在生产预测过程中,不同的渗流模型、动力学模型对预测结果的影响较大,不同模型计算结果存在较大偏差[47]。正是由于目前所面临的生产效率低下、生产预测困难等技术难题,天然气水合物至今未能实现大规模商业化开发,现有试采项目的开采产能距离产业化开采门槛($50 \times 10^4 \ m^3$)仍存在 2~3 个量级的差距[48]。要解决这些技术难题,不仅需要现场工程技术应用的不断创新,更需要基础理论研究作为基础和指导,从水合物开采的机理出发,提出安全、高效的解决方案。

1.2 研究现状及分析

天然气水合物储层的开发是典型的多尺度(现场-实验室-孔隙尺度)、多物理(热-流-化多场耦合)问题,包含了多孔介质中多相流动、跨相传质、共轭传热、非均相反应、固相演化等复杂的多物理化学过程。天然气水合物分解过程如图 1.3 所示[49,50],当水合物相平衡条件发生改变时,分解反应首先发生在水合物表面[51],水合物笼形结构被破坏,释放甲烷分子;与此同时,反应吸热导致储层内温度降低,分解过程产生的甲烷和水使压力升高。随着分解的进行,气-水-水合物三相的分布发生改变,进而影响储层内的传热传质特性,引发压力、温度的进一步变化,而压力温度条件的改变反过来影响了水合物的相平衡及分解速率。上述多物理化学过程相互耦合、共同作用,决定了多孔介质中水合物的分解行为,这些孔隙内部的多物理化学过程,正是影响水合物开采过程现场宏观特性的根本因素。

由于水合物的分解存在多尺度、多场耦合的特征,针对天然气水合物开采的相关研究需要从多个尺度入手,综合分析多物理化学过程的影响规律。

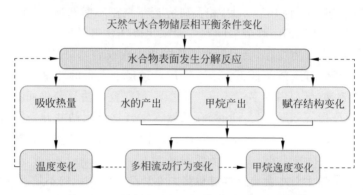

图 1.3　　天然气水合物分解过程中的多物理问题

天然气水合物开采的多尺度研究包括现场尺度、实验室尺度和孔隙尺度研究。现场尺度针对水合物储层现场,进行大规模的开采试验及生产预测,旨在评估不同水合物储层的开采可行性,以及不同开采方案的技术有效性;实验室尺度研究在可控的实验条件中,研究不同温度压力、不同注采方案等条件下,水合物分解过程的动态演化规律,为现场开采方案的设计优化提供研究基础;孔隙尺度研究深入到多孔介质孔隙内部,认识水合物分解过程的相态变化、输运机制、反应机理等多物理化学过程,进而为实验室尺度和现场尺度研究提供理论指导。发挥孔隙尺度、实验室尺度、现场尺度研究各自的优势,实现基础研究与工程应用的相互协同,才能进一步推动水合物开采技术发展的不断深入。

　　针对水合物开采的现场尺度研究工作,主要包括现场勘探、试采等现场试验研究及对储层开采过程进行生产预测的数值研究。试验研究方面,各国的试采研究提供了珍贵的现场数据[11]。日本在南开海槽的钻井试采中,发现似海底反射(bottom simulating reflection,BSR)勘探技术不能够很好地预测水合物的赋存位置[52],并于 2013 年和 2017 年分别进行了天然气水合物的试采工作[53],总结了开采技术经验和生产数据,在 2017 年试采中,24 天开采了约 22×10^4 m³ 的天然气[53];美国先后在墨西哥湾[54]和阿拉斯加北坡[55]进行了试采试验,并在阿拉斯加北坡完成了二氧化碳/氮气置换法的钻井试采工作,证明了二氧化碳/氮气置换法开采水合物的可行性[55];我国在南海神狐海域于 2017 年[19]和 2020 年[15]先后进行了两轮天然气水合物试采工作,首次实现了水平钻井开采海域天然气水合物,进一步证实了南海天然气水合物高效、安全开发的可行性,第二次试采平均日产

量达到 2.87×10^4 m^3；加拿大[56]、印度[57]、韩国[58]等也先后进行了天然气水合物的现场试采工作，为天然气水合物开采技术方案的改进提供了重要的现场数据。数值研究方面，针对天然气水合物开采的现场尺度求解器近年来不断发展，Pinero 等[59]基于 PetroMod 求解器，模拟了天然气水合物的生成和堆积过程；Feng 等[60]利用 Tough＋Hydrate 求解器，针对日本南开海槽的地质结构，模拟了天然气水合物降压分解过程；Konno 等[61]基于 MH21-HYDRES 求解器，讨论了影响海域天然气水合物降压开采能否成功进行的关键参数；Idress 等[62]利用 CMG-STARS 求解器研究了盐度对于天然气水合物生成及诱导时间的影响。Anderson 等[47]各自利用不同的求解器（CMG STARS，STOMP-HYD，Tough＋Hydrate，MH21-HYDRATE 和 HydrateResSim）针对阿拉斯加北坡的单井试采进行现场数值模拟，发现了现场数值模拟过程中地层初始温度、储层绝对渗透率和相对渗透率是影响数值模拟结果的重要参数。这些现场尺度数值研究工作为天然气水合物开采的生产预测和可行性评估提供了重要的依据[63]。

从现场试验结果来看，天然气水合物开采效率低下的问题仍未得到解决，需要进一步认识限制水合物开采效率的控制机制，但考虑到技术难度和试验成本，现场尺度试验的数量十分有限，难以深入认识水合物分解控制机制。从现场尺度生产预测的结果来看，不同生产预测模型的预测结果存在较大差异[47]，不能准确描述天然气水合物生产行为。同时，由于天然气水合物储层结构复杂多样[64]，导致天然气水合物生产预测更加困难，生产预测模型仍需要进一步改进。因此，利用更加精细的实验室尺度和孔隙尺度研究认识水合物分解控制机制，改进水合物生产预测模型，并为现场工程应用提供先导理论指导是十分必要的。

1.2.1　天然气水合物分解控制机制研究现状

针对天然气水合物分解控制机制，实验室尺度研究近年来不断开展。实验室尺度研究主要利用实验条件可控的反应器模拟水合物生成、分解过程，反应器的设计需满足三个要求[65]：①能够实现高压和可控温度，模拟水合物储层条件；②能够监测温度、压力变化及气水生成速率等生产参数；③能够模拟降压法、热激法等不同的生产方式。基于这些要求，不同学者设计并搭建了各类实验室反应器，对水合物开采过程的相关科学问题进行研究[27,66-77]。中国科学院广州能源研究所从小型反应器（反应器容积小于 1 L）[72,78,79]到中型反应器（反应器容积达 117.8 L）[73,80-82]对水合物开采过程展开研究,针对降压法[82]、热激法[83]、二氧化碳/氮气驱替法[79]等开采方案进行实验模拟,认识了流动特性、传热特性等参数对水合物分解过程的影响,指导了水合物开采方案的设计。大连理工大学利用实验室反应器,研究了降压、热激及其联合开采方案下,水合物分解过程生产速率的演化规律[67,71],同时对二氧化碳/氮气置换法及其与热激、降压协同的开采方案开展了一系列的实验研究[29,30,84]。中国石油大学研究了降压[69]、热激[68]、注抑制剂[27]等开采方案,监测了水合物分解过程中温度、压力、产气速率的变化规律。新加坡国立大学和清华大学利用不同尺寸的水合物开采实验设备,对水饱和的水合物储层分解过程进行研究[75,85],获得了温度、压力曲线及反应器内不同位置的温度分布,同时对降压协同的二氧化碳/氮气置换法进行了实验研究[22]。这些反应器实验研究为现场开采方案设计提供了宝贵的数据基础和工艺经验。

上述实验室尺度反应器实验研究通过监测不同开采条件下天然气水合物分解过程的反应器温度、压力变化以及产气、产水量变化等实验数据,初步认识了传热传质机理对水合物分解速率的影响规律。然而,受限于观测手段,通过反应器实验很难观察到多孔介质内部的多物理过程,如孔隙中的气、水、水合物相态变化,相间的传热传质机理等。为了进一步认识水合物分解控制机制,随着核磁共振成像(magnetic resonance imaging,MRI)技术在水合物领域的不断发展[40,41,86-91],不同学者结合 MRI 技术与实验室尺度岩心实验,针对水合物分解开展了相关研究。例如,Yang 等[92]针对不同含水饱和度储层水合物分解过程开展岩心实验,利用 MRI 技术观察水合物分解过程中岩心含水饱和度分布的变化规律,基于气、水运移规律以及气、水相中甲烷的传质特性等控制机制,对不同含水饱和度储层的水合物分解速率差异进行了解释。Zhang 等[86]利用 MRI 技术与岩心实验,研究了氮气驱替过程水合物储层中的相态分布变化,指出了氮气对自由水的驱替增强了水合物的分解。上述基于 MRI 技术的实验室尺度研究,对水合物分解控制机制有了进一步的认识。然而,由于 MRI 分辨率有限[93],利用实验图像仍难以明确水合物储层多孔介质中复杂的气水运移规律及界面传递特性,针对水合物分解控制机制的相关研究仍需进一步开展。

为了明确水合物分解控制机制,实验室尺度的数值模拟工作近年来也在不断开展。Chen 等[94]基于有限体积法发展了一套实验室尺度的数值模型,通过与经典实验结果的对比,验证了数值模型的可靠性,并研究了多孔结构、热边界效应、重力效应、结冰等因素对降压分解过程的影响规律。Lu

等[76]针对水合物储层钻井问题,搭建了反应器实验系统,并构建了水合物开采数值模型,通过比较实验与数值模拟的结果,证明了数值模型的可靠性,并从实验和数值的角度讨论了钻井速度、钻井液温度等参数对钻井过程的影响。大连理工大学多位学者[77,95-101]利用实验室尺度数值模拟方法,研究了不同开采方案下气水流动、传热传质等因素对水合物分解过程的影响规律。相比于实验观察,实验室尺度数值研究更加明确了储层热质传递特性对水合物分解行为的控制机制,然而现有的实验室尺度数值模型都是基于表征单元体积(representative elemental volume,REV)构建的,通过在REV中求解渗流方程、能量方程和反应模型,模拟水合物分解过程。由于尺度的限制,这种基于REV的数值模型很难考虑到多孔介质内部复杂的多相传热传质机理及非线性的水合物分解反应对水合物分解行为的影响。因而,要明确认识水合物分解控制机制,深入到水合物储层多孔介质内部开展孔隙尺度研究是十分必要的。

要想深入到天然气水合物储层多孔介质内部观察水合物赋存形态及分解特性,需要较高分辨率(微米级)的观测手段。近年来,随着X射线显微断层层析成像(显微CT)技术的不断发展[102-130],其在水合物的孔隙尺度实验研究中发挥了重要的作用[131-156]。利用X射线对研究对象进行扫描,基于不同物质对X射线吸收能力不同的特点,可以重构获得三维的灰度图像数据,以识别不同相态的分布情况[157]。中国地质调查局青岛海洋地质研究所[138,142,158,159]利用显微CT技术获得了多孔介质中水合物的微观结构,并利用分形方法对水合物储层结构特性进行量化表征,计算了不同水合物饱和度、不同水合物赋存形态条件下渗透率的演化规律。大连理工大学[133]利用显微CT探究了不同孔隙尺寸、不同多孔介质基质亲水性条件下,水合物的微观赋存规律。中国科学院广州能源研究所[160]利用显微CT,探究了降压及热激法过程中水合物分解的演化规律。美国国家能源技术实验室[145-148]利用显微CT,观察了不同饱和度的水合物的生成分解行为,同时利用三轴负载设备对水合物储层的力学特性进行了分析。美国得克萨斯大学奥斯汀分校Chen等利用显微CT观察了不同饱和度下水合物的赋存形态[153],并探究了水合物生长过程对离子浓度的影响[154]。

受限于较长的扫描时间(小时量级),显微CT拍摄很难获得水合物分解连续过程的图像,因而大部分研究仍停留在个别时间节点水合物赋存形态的观察上,对水合物分解控制机制的研究较少。为了获得更高的时空分辨率,同步显微CT技术[112,117,122]也逐渐应用到水合物原位观测的领域中来[104,155,161-164]。2015 年,Chaouachi 等[155]利用同步显微 CT 观察了氙气水合物在多孔介质中的生长规律,发现在生长过程中,水合物与多孔介质基质表面间存在数微米厚的水层。Yang 等[161]利用同步显微 CT 对氙气水合物的分解过程进行研究,发现在分解过程中,水合物的分解前缘与气水界面的形状表现出一致性,论证了气体分子在水中扩散的传质限制作用对水合物分解速率的影响,同时观察到了分解过程中的再生成现象。虽然利用同步显微 CT 能够对水合物分解控制机制进行进一步的认识,但相应设备成本较高,实验结果的获取相对困难,故能够实现快速、连续观察且设备成本较低的光学实验方法也成为研究水合物分解控制机制的重要手段。

水合物的孔隙尺度光学观察实验主要利用微流控技术在玻璃片或硅片等材料中刻蚀多孔介质流道,形成微流控芯片,通过注入气水,并调节合适的压力温度条件,在微流控芯片中生成分解水合物,再通过显微镜等光学设备进行观察和拍摄。挪威的 Almenningen 等通过阴离子键合的方式制作了耐高压的微流控芯片,并利用光学观察实验研究了天然气水合物的相平衡条件[165],量化了不同温度压力条件下水合物的生长速率[166],探究了不同盐度条件下的水合物降压或热激分解过程的演化规律[167]。在热激过程中,由于微流控芯片材料传热特性的差异,不同位置的分解速率也不相同。日本的 Muraoka 等[168]利用围压装置和珀尔帖装置分别实现水合物生成的高压、低温条件,并研究了水合物生长规律及不同水合物饱和度条件下渗透率的变化[169]。中国石油大学(华东)的 Chen 等[170]利用微流控光学观察实验,观察了水合物生成分解过程的相态变化,发现分解过程伴随着气泡、液滴及水合物碎片的流动;同时 Ji 等[171]观察了水合物分解现象并发现了水合物分解后的区域内会出现再生成现象。大连理工大学 Lv 等[172]利用微流控芯片研究氙气水合物生成分解规律,观察并测量了含氙气水合物多孔介质的润湿性及渗透率等参数;Wang 等[173]观察了天然气水合物生成的四种模式,发现水合物分解过程中微气泡的产生会诱发水合物的再生成。上述光学观察实验研究在更高的时空分辨率下,对水合物在多孔介质中的生成分解行为进行了更加直观的认识。

无论是三维显微 CT 实验或是二维光学观察实验都表明,气-水-水合物-多孔介质基质多相体系中的传热和传质过程对水合物分解行为有非常重要的影响,然而针对水合物分解过程中传热传质影响的具体认识仍缺少系统性的实验讨论,需要进一步的实验探究。同时,单纯依靠实验观察手段很难对水合物分解过程中多相传热传质等控制机制获得准确具体的认识，因此需要孔隙尺度的数值模拟研究，以进一步认识水合物分解多物理过程的影响规律。

针对天然气水合物分解控制机制的孔隙尺度数值模拟研究目前仍处于起步阶段。Yu 等[174]基于 Sean 等[175]提出的水合物分解动力学模型，利用有限体积法(finite volume method, FVM)模拟了水合物分解过程中的水合物结构演化，水的单相流动，传热传质过程的甲烷浓度变化、温度变化等。研究表明，随着主流流速的增加，传质过程被增强，进而导致水合物分解速率升高；而当主流流速过高(雷诺数大于 100)时，分解速率不再随流速升高而上升(分解速率达到饱和)，这些研究说明了传质过程对水合物的分解有非常重要的影响。Zhang 等[176]利用 LB 方法耦合计算了水合物分解过程中的单相流动、传热传质、非均相反应及固相演化等多物理问题；针对表面包裹型和颗粒悬浮型的水合物结构，其模拟了水合物分解过程，讨论了分解过程中的水合物结构演化及温度变化规律，给出了水合物分解过程的渗透率变化曲线。上述研究仅讨论了单相流动，未能考虑复杂的多相传热传质以及界面行为对水合物分解过程的影响，故数值模型仍需进一步完善。

针对多相流动问题，Song 等[177]基于体积分数法模拟了水合物分解过程中的多相流动、多相传热、水合物分解反应等多物理过程，并与 Zhang 等[176]的工作进行了对比，讨论了甲烷气体的存在对水相流动渗透性的影响。Wang 等[178]基于气、水、合物饱和度，构建了描述水合物分解过程中多相流动、多相传热及分解反应的一系列控制方程，讨论了尺度效应[178]、传质限制作用[179]、结冰/融化现象[42]对降压分解过程的影响。由于水层的传质限制作用对甲烷输运过程的阻碍，水合物表面附近的甲烷浓度很高，进而影响了产气速率、水合物残余率等生产特性。这些研究都证实了复杂的多相传热传质及相变过程对水合物分解特性有非常重要的影响，然而上述基于不同相态饱和度的数值方法不能明确地描绘水合物分解过程中气-水界面、固-液界面处的输运行为，相应的数值模拟研究未能理清多相传热传质的耦合及竞争关系，未能量化影响水合物分解速率的关键因素，未能明确不同条件下水合物分解控制机制。因而，发展合适的孔隙尺度数值模型，精确描述水合物分解过程复杂的多物理化学场耦合问题，进而深入认识水合物分解的控制机制是十分必要的。

1.2.2 天然气水合物生产预测模型研究现状

针对天然气水合物生产预测,相关求解器的开发近年来不断开展[180],其主要模型包括储层中物质、能量守恒方程的求解以及水合物分解反应速率的计算。其中,与水合物储层中流动反应过程最相关的渗流模型[47]和动力学模型[180]是决定生产预测准确与否的关键。

对于渗流模型,由于水合物在多孔介质中的赋存形态复杂,传统的经验模型难以准确描述水合物储层渗流特征[181]。要获得准确可靠的渗流模型,必须深入多孔介质内部,考虑水合物在孔隙结构中的赋存形态及演化规律,进而借助孔隙尺度数值方法获得不同结构下水合物储层渗流特性。

针对水合物储层渗流模型的孔隙尺度研究近年来备受关注。Kang等[182]利用格子玻尔兹曼(LB)方法,在三维多孔介质结构中构造了考虑表面张力作用的表面包裹型(grain-coating)和颗粒悬浮型(pore-filling)的水合物结构,其赋存形式如图 1.4 所示。同时,针对不同的水合物结构,计算了渗透率与水合物饱和度的关系[182],利用 Kozeny-Carman 关联式,对水合物储层的渗流特性进行分析,认识到考虑了表面张力所生成的水合物结构对储层渗透率的阻塞作用较未考虑张力的水合物结构有一定的缓解。Hou 等[183]在二维多孔介质结构中构造了不同颗粒形状(圆形、方形等)、不同赋存形式(表面包裹型、颗粒悬浮型)的水合物结构,并利用 LB 方法计算获得渗透率模型,拟合了渗透率与水合物饱和度的经验关系式。Chen等[153]在三维多孔介质结构中,利用水平集方法和奥斯瓦尔德熟化方法,通过算法合成表面包裹型和颗粒悬浮型的水合物结构,利用 LB 方法计算并比较了不同水合物赋存形态条件下的渗透率曲线。Liu 等[142]在真实沉积物孔隙结构内,利用统计随机数值方法构造了不同赋存形态的水合物结构,计算获得了基于分形维数的渗流模型。上述研究都是基于人为构造的水合物结构进行的。针对水合物真实结构,Zhang 等[134]利用显微 CT 获得了氙气水合物在多孔介质中的赋存形态,利用孔隙网络模型(pore network model,PNM)计算获得了不同水合物饱和度下的气水相对渗透率;Chen等[153]利用显微 CT 获得了氙气水合物在多孔介质中的赋存形态,由于扫描岩心中不同位置的气水分布不同,生成水合物的饱和度也不相同,针对不同饱和度的水合物结构,其利用 LB 方法计算了相对渗透率曲线,并基于 Corey 模型拟合了不同水合物饱和度条件下的相对渗透率曲线。Ji 等[171]

利用微流控芯片光学观察实验获得了天然气水合物生成分解过程的赋存形态演化图像,利用 LB 方法计算了渗透率的变化规律,认识到由于水合物分解过程中的再生成现象导致了水合物结构的重组,进而会引起渗流特性的改变。

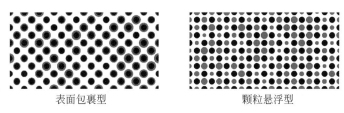

表面包裹型　　　　　　　　　　　　颗粒悬浮型

图 1.4　表面包裹型和颗粒悬浮型的水合物赋存形式

(红色为水合物,黑色为多孔介质基质)

上述孔隙尺度研究为天然气水合物生产预测提供了更准确的渗流模型,然而这些研究大多基于算法或实验生成的水合物赋存形态计算渗流模型,而忽视了不同水合物分解过程(降压、热激等)中水合物赋存形态的动态演化特性对渗流参数的影响,尤其是多相传热传质等多物理过程对水合物结构演化规律的影响。因而相关的研究仍需进一步开展,尤其是认识水合物分解过程中的多相流动、传热传质、非均相反应等多物理问题对分解行为的影响机制。

谈及天然气水合物生产预测的动力学模型,经典的 Kim-Bishnoi 模型[51]应用最为广泛,该模型将水合物分解反应的驱动力归结于气相中甲烷逸度与水合物平衡状态下甲烷逸度的逸度差,反应动力学参数通过搅拌釜反应器实验获得,该模型表征了水合物分解反应本征的反应速率,而未考虑水合物分解过程传热传质的控制机制。Jamaluddin 等[184]在 Kim-Bishnoi 本征动力学模型的基础上考虑了传热过程的影响,模拟了实验室尺度水合物分解实验,说明了随着反应器压力的变化,水合物分解从传热控制向传热与动力学共同控制的机制发生转变[184]。Youslf 等[185]基于 Kim-Bishnoi 模型考虑气水运移的影响,进行了水合物分解动力学的实验与数值模拟研究,获得的动力学参数与 Kim 等[51]利用搅拌釜反应器所获得的动力学参数相差五个量级,该研究将这一结果归因于传质限制作用对水合物分解速率的影响。上述研究表明,要构建准确的天然气水合物生产预测动力学模型,必须充分考虑传热传质等控制机制的影响,而如何量化这些控制机制的影响,从而获得更加准确的动力学模型,现有研究仍未获得明确结论[185],

相关研究仍需要进一步开展。

为了获得更加准确的动力学模型,实验室尺度研究通常采用历史拟合的方式对水合物分解动力学模型参数进行修正。例如 Yin 等[186] 基于 Tough＋Hydrate 模拟器对水合物降压分解实验进行 REV 尺度数值模拟,通过历史拟合获得了水合物表面积修正系数,实现了数值模拟与反应器实验的对比验证。然而,由于 REV 尺度研究无法反映孔隙内部的多场耦合过程,这种通过数据拟合获得的修正模型仅将水合物分解速率的变化归因于水合物表面积的变化,未能综合考虑储层多孔介质中复杂的传热传质控制机制对水合物分解行为的影响,针对动力学模型的修正缺少物理依据。因而,利用孔隙尺度研究,综合考虑传热传质等控制机制的影响因素,进而获得准确的水合物生产预测动力学模型是十分必要的。

前文已经提到,现有孔隙尺度研究对水合物分解控制机制的认识仍处于起步阶段,基于控制机制构建水合物分解动力学模型的孔隙尺度研究仍存在不足。例如 Yu 等[174] 利用孔隙尺度数值模拟,考虑水合物分解过程的单相流动及传热传质机制,总结了水合物分解动力学经验模型,与 Kim-Bishnoi 模型相比,其考虑了储层流动过程对水合物分解动力学的影响。然而,该动力学模型未能考虑复杂多相流动及界面传递规律对水合物分解速率的影响机制,针对多相流动工况,动力学模型仍需进一步改进。因而,针对天然气水合物生产预测动力学模型,深入开展孔隙尺度数值研究是十分必要的。

1.2.3　孔隙尺度多场耦合问题数值方法研究现状

基于水合物分解控制机制及生产预测模型的研究现状,针对天然气水合物分解多场耦合问题开展孔隙尺度数值研究是十分重要的。对于孔隙尺度多场耦合问题,常见的数值计算方法包括有限体积法(FVM)[187]、孔隙网络模型(PNM)[188]、格子玻尔兹曼(LB)方法[189]等。其中,LB 方法在处理复杂结构中的多场耦合问题时更具优势。首先,由于 LB 方法是基于每个网格中的粒子行为来描述流体流动的,包含碰撞和迁移两个计算步骤[190],相较于传统的计算流体力学方法,其表现出了"非线性是局部的,非局部性是线性的"[191]这一特征,即计算过程的非线性体现在每个网格内部的碰撞过程中,而网格之间的迁移过程是完全线性的;这一特征使 LB 方法能够显式计算流动过程,其算法的简洁性带来了极高的运算效率和出色的并行性能[192]。其次,由于 LB 方法来源于玻尔兹曼方程,其直接描述粒子间的相互作用,故 LB 方法能够直观地描述诸多复杂的物理过程,如多相流动[193]、滑移流动[194-196]、非牛顿流体流动[197]等,而且复杂边界的处理相较于传统计算流体力学方法更为简易。最后,针对复杂的多相流、反应流问题,LB 方法已经发展出了一系列数值模型。因而,LB 方法适合解决水合物分解过程所涉及的多孔介质中的多场耦合问题。

　　针对多相流动问题,基于 LB 方法已发展出多类计算模型,包括颜色梯度模型[198]、伪势模型[199]、自由能模型[200]和相场模型[201,202]。其中,颜色梯度模型适合解决密度相当的两种非混相流体的多相流动问题[203],对于密度比较高的多相流动问题,颜色梯度模型不具有优势;自由能模型能够实现密度比较高的多相流动计算,但算法较为复杂,同时由于壁面润湿边界条件的设定需要计算当地密度梯度,对于复杂多孔介质结构中的边界处理较为困难[204];相场模型能够实现较高密度比的两相流动问题的数值模拟[202],由于计算过程中需要利用差分的方式计算宏观参数的梯度,因而该模型在实现高密度比和保证质量守恒方面仍需要进一步的算法改进[205]。伪势模型通过引入两种粒子间的相互作用力来模拟多相流动:当引入单组分内部的相互吸引力时,该组分会按照非理想气体状态方程(equation of state,EOS)及热力学一致性,自发地分为饱和蒸气相和饱和液相,此时气液密度比最高可达到 $O(10^3)$[206-212];当引入多组分间的相互排斥力时,不同的组分会因为排斥作用自发地形成不混溶的相态分布,如油水两相驱替等[213-218];结合上述两种粒子间作用力,就可以实现大密度比、多组分的多相流动数值模拟[219-222]。同时伪势模型算法简单,易于实现,因而其应用场景十分广泛。针对水合物分解过程中大密度比、多组分的气水多相流动问题,采用伪势模型进行研究是十分合适的。在计算多相流动过程中,复杂多孔介质结构中润湿性边界条件(接触角)的设置也十分重要。对于伪势模型,传统的润湿边界处理格式包括固体-流体相互作用力模型[223-226]和全局虚拟密度模型[227],然而 Li 等[208]指出,这些传统的润湿边界处理格式会在固体表面引入非物理的传质层和较明显的虚假速度,如何改进大密度比、多组分伪势模型的润湿边界条件处理格式,仍需进一步研究。

　　对于传质过程,相关研究基于 LB 方法发展了求解传质对流扩散方程的数值模型[228-230]及非均相反应边界条件处理格式[231-234],能够准确地计算单相流动过程中的传质问题。相比于单相体系,多相流动过程中的传质过程更为复杂,尤其是相界面处跨相传质的处理,其数值模型仍处于发展阶段。目前基于 LB 方法处理跨相传质问题的方法主要分为三类,即格子界面追踪格式、物理界面追踪格式和相分数标识格式,如图 1.5 所示。对于格子界面追踪格式,在计算传质过程之前,会首先识别每个网格上的相态信息,在每个流体相中传质过程都是独立计算的,界面处的物质输运通过在相界面处设置浓度边界条件来实现,在相界面位置发生变化时,相态信息变化的网格处的浓度信息也需要更新。例如 Chen 等[235]利用伪势模型计算多相流动,并在各相中计算传质过程,通过在相界面处施加边界条件模拟跨相传质,同时考虑相变及溶解、沉淀等固相演化过程中浓度场的重构,构建了计算多相体系反应传质过程的 LB 数值模型。这种处理方式广泛应用于多相反应流的模拟中[236-238]。Palma 等[239]提出了一种基于"相场"的方法计算多相传质问题,通过引入一个标记变量区分不同网格的相态信息,并在相界面处计算反应动力学,结合伪势模型计算多相流动,他们模拟了气泡上升过程的传质问题。Yoshida 等[240]提出在迁移过程中计算相界面处两个流体相中密度分布函数的信息交换,进而计算跨相传质问题,利用这一思想,Lu 等[241]模拟了遵守亨利定律的跨相传质过程。这些格子界面追踪格式模拟了尖锐相界面处的跨相传质过程;然而,这种方法需要提前识别每一个网格的相态信息,并在相界面处施加边界条件,因而很难处理相界面形状变化过于剧烈的情况,仅适用于封闭体系或流速较低的多相流动体系,对于水合物分解过程中气水流速较快的应用场景,这种方法不再适用。

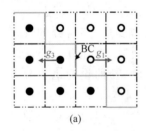 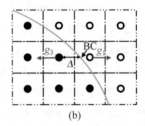 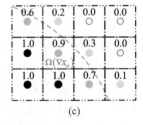

(a)   (b)   (c)

图 1.5 三种 LBM 跨相传质处理格式的示意图

(a) 格子界面追踪格式;(b) 物理界面追踪格式;(c) 相分数标识格式

格子界面追踪格式识别的相界面是锯齿状的,要更准确地模拟实际物理相界面处的跨相传质问题,需要采用物理界面追踪格式,其基本思想是利用插值的方式在界面处的网格上计算未知浓度分布函数作为边界条件。Li 等[242]利用这一思想提出了考虑界面几何形状的传质边界条件处理格式,通过在相界面处保证变量的连续性和通量的一致性,实现了跨相传质的数值模拟。基于 Li 等的思想,不少学者进一步对物理界面追踪格式进行了简化和改进[243-245],并利用这一方法解决燃料电池等领域的跨相传质问题[246,247]。同时,也有学者提出了更高阶的插值方式[248-250]来保证物理界面追踪格式的准确性。这种跨相传质处理方式虽然提高了准确性,也考虑了实际物理界面的几何特征,但只能处理相界面形状不变的跨相传质问题。同时,由于需要根据界面形状进行插值,物理界面追踪格式的数值算法十分复杂,因而在应用上也存在一定的局限性。

相分数标识格式不再利用施加边界条件处理跨相传质,而是通过计算每个网格上的相分数 x_σ 来确定相界面位置,因而和格子界面追踪格式与物理界面追踪格式中相界面是尖锐形状不同,相分数标识格式的相界面是扩散形的,有界面厚度,其位置是自动识别的,故而在图 1.5(c)中用虚线表示。相分数标识格式通过计算相分数的梯度 ∇x_σ,在相界面处施加跨相传质源项,进而实现界面处浓度跳跃、物质通量守恒的计算。由于相分数的计算是多相流动过程自然获得的,跨相传质仅需通过添加源项实现,无需识别相界面位置,故这种方法能够解决格子界面追踪格式和物理界面追踪格式无法解决的相界面形状快速变化的开放体系问题。Riaud 等[189]基于Maxwell-Stefan 方程,提出了一种相分数标识格式来计算多相流动中的跨相传质问题,并结合颜色梯度模型,成功模拟了界面传递问题[251-253]。然而,这一模型中跨相传质源项的计算是基于颜色梯度模型所获得的界面相分数的分布提出的,不能很好地与伪势模型结合;同时在计算过程中,对于亨利系数较高的情况,该模型数值准确性并不理想。由于本书拟采用伪势模型计算多相流动,故发展可与伪势模型兼容、准确性更高的相分数标识格式来计算跨相传质问题是十分必要的。

针对共轭传热问题,LB 方法也发展出了一系列数值模型,包括多速度模型、双分布函数模型以及混合方法等[254]。其中双分布函数模型利用独立的分布函数求解描述传热过程的对流扩散方程,算法简单且数值稳定性更高,通过引入共轭换热源项[255],可以求解多相体系中考虑热物性变化的共轭传热问题。针对固相结构演化问题,Kang 等[231]提出的像素体积法(volume of pixel,VOP)得到了广泛的应用[176,236],能够有效计算反应流动过程的结构演化问题。

综上,针对水合物分解过程所涉及的多相流动、跨相传质、共轭传热、非均相反应及固相演化等多物理过程,基于 LB 方法所发展的多物理数值模型有能力解决这些问题。但针对多组分多相流动和开放体系跨相传质问题，相关的模型仍需进一步改进，以满足模拟水合物分解所需的数值要求。

1.3　研究内容及方法

针对天然气水合物生产效率低下，生产预测困难等技术难题，目前的研究仍存在以下不足：

首先，针对天然气水合物分解控制机制的认识，实验室尺度研究难以直观认识多孔介质内部的多物理化学过程，现有的孔隙尺度数值模拟研究未能理清多相传热传质的耦合及竞争关系，未能量化影响水合物分解速率的关键因素，未能明确不同条件水合物分解控制机制。

其次，针对天然气水合物生产预测模型的研究，渗流模型多基于算法或实验生成的水合物结构进行计算，未能考虑不同控制机制下水合物分解过程结构演化规律对储层渗流特性的影响；针对动力学模型，REV尺度研究多采用历史拟合的方式获得经验参数，未能从本质控制机制出发，现有的孔隙尺度研究未能全面考虑多相传热传质控制机制对动力学模型的影响。

最后，针对天然气水合物分解多场耦合问题，现有的孔隙尺度数值模型在计算开放体系跨相传质、大密度比多组分多相流动润湿边界处理等问题时仍存在不足。现有数值模型未能准确完整地描述天然气水合物分解的多物理化学过程。

针对目前研究的不足，本书围绕"天然气水合物分解热-流-化多场耦合热质传递机制及尺度升级模型"这一科学问题，开展孔隙尺度数值模拟研究，主要研究内容包括：

（1）孔隙尺度天然气水合物分解多场耦合数值模型构建及验证

首先基于LB方法，针对天然气水合物分解过程涉及的多组分多相流动、跨相传质、共轭传热、非均相反应及固相演化，构建封闭体系多场耦合数值模型，利用经典数值案例对相关模型进行验证。针对开放体系跨相传质问题，发展改进的相分数识别格式，提出连续组分输运（continuum species transport-lattice Boltzmann）CST-LB模型，实现开放体系跨相传质问题的精准模拟；针对大密度比多组分多相流动，采用伪势模型进行计算，提出基于局部平均虚拟密度的多相润湿边界格式，实现壁面附近相分数的准确计

算,进而提高多相体系非均相反应边界处理的准确性;构建开放体系多场
耦合数值模型,利用经典数值案例对相关模型进行验证。

(2)天然气水合物分解的热质传递特性及控制机制孔隙尺度研究

利用本书构建的多场耦合 LB 数值模型,精准模拟水合物分解过程。
针对封闭体系水合物降压分解过程,探究多相传热传质的影响机制,细致描
述扩散控制和动力学控制机制下水合物的分解现象,讨论分解吸热对平衡
状态及分解速率的影响,通过对文献中的实验过程进行数值模拟,确定控制
水合物分解速率的主导因素;针对开放体系注 N_2 驱替水合物分解过程,探
究气水运移规律对水合物分解过程的影响,通过模拟不同含水饱和度、不同
注气速率条件下的分解行为特性,绘制水合物分解模式相图,量化气水运移
过程中传热与传质对水合物分解速率的限制作用和竞争关系。

(3)天然气水合物生产预测反应传递模型的尺度升级研究

基于对天然气水合物分解控制机制的认识,引入传质限制作用,提出基
于水层厚度修正的水合物分解动力学模型;基于不同分解模式下水合物结
构演化规律,获得基于水合物分解模式的渗流模型与水合物表面积模型,推
动水合物分解尺度升级研究。

基于上述研究内容,本书将从以下章节进行展开:

第 2 章,基于 LB 方法,针对天然气水合物分解过程,构建封闭体系多
场耦合数值模型,利用经典数值案例对数值模型进行验证,证明了数值模型
的可靠性,为封闭体系下天然气水合物分解孔隙尺度数值模拟研究奠定了
基础。第 3 章,基于封闭体系多场耦合数值模型开展数值模拟研究,明确了
多相传热传质过程对水合物分解行为的控制机制,提出了修正的水合物分
解动力学模型,证明了该动力学模型能够获得准确可靠的生产预测结果。
第 4 章,提出计算开放体系跨相传质问题的 CST-LB 模型,以及处理多组分
多相流动润湿边界的局部平均虚拟密度边界格式,构建开放体系多场耦合
数值模型,利用经典数值案例对数值模型进行验证,为开放体系天然气水合
物分解行为特征的研究奠定了基础。第 5 章,基于开放体系多场耦合数值
模型,开展数值模拟研究,探究气水运移规律对水合物分解过程的影响,绘
制了水合物分解模式相图,为天然气水合物开采方案的改进提供了理论基
础;同时基于水合物分解模式,获得渗流模型与水合物表面积模型,改进了
水合物生产预测模型的准确性。第 6 章,总结本书工作并提出展望。本书
的研究技术路线如图 1.6 所示。

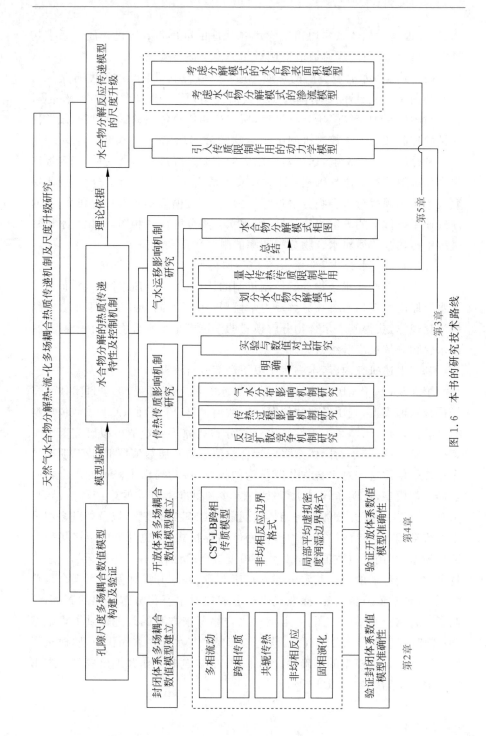

图 1.6　本书的研究技术路线

第 2 章　多场耦合格子玻尔兹曼方法的建立与验证

2.1　引论

在第 1 章中已经提到,天然气水合物分解是复杂的多物理化学场耦合过程,包括多相多组分流动、跨相传质、共轭传热、非均相反应及水合物结构演化,要精确模拟这些多物理过程,相应的数值方法应确保:①实现大密度比多相流动的计算并明确捕捉界面位置;②实现跨界面的传热传质的精准计算;③模拟水合物表面的分解反应;④模拟甲烷释放过程的压力变化;⑤实现固相演化过程的数值处理。截至目前,针对水合物分解过程,细致考虑上述多物理过程计算的孔隙尺度数值研究尚不成熟,数值模型需要进一步发展。

针对上述计算要求,本章将基于格子玻尔兹曼(LB)方法构建多场耦合数值模型,包括多组分多相伪势模型、跨相传质 LB 模型、共轭传热 LB 模型、非均相反应边界条件处理及固相演化 VOP 模型。同时,通过经典案例计算,验证了数值模型的准确性。本章多场耦合数值模型将为第 3 章天然气水合物降压分解过程的孔隙尺度数值模拟研究提供模型基础。

2.2　天然气水合物分解过程涉及的多物理问题及控制方程

第 1 章已经介绍了天然气水合物分解过程中所涉及的多物理化学过程,如图 1.3 所示。当天然气水合物的状态偏离相平衡时,水合物表面会发生分解反应。分解反应是一个吸热过程,其中吸收的热量用来破坏水分子之间的氢键以及水合物晶格中甲烷与水之间的相互作用力[180]。同时,分解过程伴随着水和甲烷的生成。根据 Bishnoi 等的天然气水合物分解动力学模型[256],整个分解过程包括两个步骤:①水合物颗粒表面晶格的破坏;

②甲烷从水合物表面解吸附并释放。基于这一认识,天然气水合物的分解反应可以表示为

$$CH_4 \cdot n_H H_2O \longrightarrow CH_4 + n_H H_2O, \quad \Delta H > 0 \qquad (2.1)$$

其中 ΔH 为反应焓,n_H 为水合数,在本书中水合数设定为 $6^{[179]}$。由于水合物储层中水合物及岩石骨架均为亲水结构,天然气水合物分解生成的水会附着在水合物储层中,在固相表面形成水层,同时分解产生的甲烷分子需要通过水层中的扩散进入气相中[161]。随着分解的不断进行,储层中水合物结构不断消融,水层厚度不断增加,储层中相态分布不断演化,进而影响了传热传质过程。较厚的水层减缓了分解生成的甲烷分子从水合物表面到气相中的扩散;同时,随着甲烷分子在气相中不断累积,气相压力不断升高,进而影响气水界面处甲烷的浓度。这些过程相互耦合,决定了水层中甲烷的浓度分布,进而影响了水合物的分解速率[179]。同时,传热过程也发挥了重要的作用,由于分解反应是吸热过程,分解时温度降低,影响了水合物分解的分解速率及平衡压力。综上所述,水合物分解反应引起了复杂的温度、压力、相态分布变化,而这些物理过程反过来影响了水合物分解的反应速率及相平衡,这些物理过程相互耦合,需要全面的认识。

在构建模拟水合物分解过程多场耦合数值模型的过程中,本书做了以下几点假设:

(1)气相的甲烷被视作理想气体,由于液相中溶解的甲烷浓度较低,液相被视作理想溶液,由于孔隙结构中特征长度 $L \approx 100\ \mu m$,甲烷的平均分子自由程 $\gamma \approx 5 \times 10^{-3}\ \mu m$,克努森数 $Kn = \gamma/L \ll 0.001$,因而固相表面采用无滑移边界条件;

(2)由于水中甲烷浓度较低,甲烷在水中的扩散满足 Fick 扩散定律,气-液界面处甲烷的浓度满足亨利定律;

(3)传热和传质过程对流体流动过程的影响可以忽略,由于计算域尺寸较小(微米量级),不考虑重力的影响[176];

(4)水合物分解反应仅发生在水合物表面,不考虑水合物再生成及结冰的相态变化,但温度低于 273.15 K 时,水合物分解速率设为零来模拟结冰对水合物分解的抑制作用;

(5)由于分解过程始终处在低温状态,温度变化不剧烈,流体和固体的物性参数视为常数,不随温度、压力等条件变化而改变。

基于上述假设,描述水合物分解过程中的多相流动、甲烷在水中的传质、共轭传热过程的控制方程如下:

$$\frac{\partial \rho}{\partial t} + \nabla \cdot (\rho \boldsymbol{u}) = 0 \tag{2.2}$$

$$\frac{\partial (\rho \boldsymbol{u})}{\partial t} + \nabla \cdot (\rho \boldsymbol{u}\boldsymbol{u}) = -\nabla p + \nabla \cdot (\rho \upsilon (\nabla \boldsymbol{u} + (\nabla \boldsymbol{u})^{\mathrm{T}})) + \nabla (\xi (\nabla \cdot \boldsymbol{u})) \tag{2.3}$$

$$\frac{\partial C}{\partial t} + \nabla \cdot (C\boldsymbol{u}) = D \nabla^2 C \tag{2.4}$$

$$\rho c_p \frac{\partial T}{\partial t} + \nabla \cdot (\rho c_p T\boldsymbol{u}) = \nabla \cdot (\lambda \nabla T) + S_R \tag{2.5}$$

其中,ρ 为流体的密度;t 为时间;$\boldsymbol{u}$ 为流体的速度;p 为压力;υ 和 ξ 分别为运动黏度系数和体黏度系数;C 表示液相中甲烷的浓度;T 表示储层温度;D 表示扩散系数;λ 表示导热系数;c_p 表示热容;S_R 表示水合物分解反应的吸热量。分解反应式(2.1)发生在水合物表面,其本征的反应动力学采用 Bishnoi 等[256]提出的 Kim-Bishnoi 模型,采用阿伦尼乌斯(Arrhenius)形式来计算:

$$\frac{\mathrm{d}n_{\mathrm{CH_4}}}{\mathrm{d}t} = k_0 \exp\left(\frac{E_A}{RT}\right)(f_{eq} - f)A_s \tag{2.6}$$

其中,f_{eq} 表示相平衡状态下甲烷的逸度;f 表示甲烷在水合物表面的当地逸度;E_A 表示活化能;k_0 表示指前因子;A_s 表示反应表面积。根据之前的假设,甲烷气体被视为理想气体,甲烷溶液认为是理想溶液,因而甲烷在水中的逸度可以通过浓度 C 来表征,即 $Hf = C$,其中 H 表示亨利系数。由此,天然气水合物分解动力学式(2.6)可以改写为

$$\frac{\mathrm{d}n_{\mathrm{CH_4}}}{\mathrm{d}t} = \frac{1}{H}k_0 \exp\left(\frac{E_A}{RT}\right)(C_{eq} - C)A_s = k_{C0} \exp\left(\frac{E_A}{RT}\right)(C_{eq} - C)A_s \tag{2.7}$$

其中,C_{eq} 表示温度 T 条件下的平衡浓度,可以通过 Kamath 模型来计算[257,258]:

$$C_{eq} = Hp_{eq} = H \exp\left(38.980 - \frac{8533.80}{T}\right), \quad 273.15\ \mathrm{K} < T \leqslant 298.15\ \mathrm{K} \tag{2.8}$$

当温度低于 273.15 K 时,考虑到天然气水合物的自保护效应,认为此时分解反应不发生。基于上述反应动力学模型,水合物表面的浓度边界条件可以表示为

$$D \frac{\partial C}{\partial n}\bigg|_h = -k_{C0} \exp\left(\frac{E_A}{RT}\right)(C_{eq} - C_h) \tag{2.9}$$

其中下标 h 指水合物表面。在多孔介质骨架表面(下标 m),由于没有分解反应发生,质量通量为 0,传质边界条件可以表示为

$$D \left. \frac{\partial C}{\partial n} \right|_{\mathrm{m}} = 0 \tag{2.10}$$

在气-水界面处，气相甲烷的压力和液相中甲烷的浓度可以通过亨利定律来建立联系：

$$C_{\mathrm{wg}} = H \cdot p_{\mathrm{g}} \tag{2.11}$$

其中，C_{wg} 表示气-水界面处液相中的甲烷浓度；p_{g} 表示气相甲烷的压力。分解反应过程中的反应吸热可以通过反应焓计算：

$$S_{\mathrm{R}} = k_{C0} \exp\left(\frac{E_A}{RT}\right)(C_{\mathrm{eq}} - C_{\mathrm{w}}) A_s \Delta H \tag{2.12}$$

将控制方程式(2.2)～式(2.5)以及边界条件式(2.9)进行无量纲化，可以得到下述方程：

$$\frac{\partial \rho^*}{\partial t^*} + \nabla^* \cdot (\rho^* \boldsymbol{u}^*) = 0 \tag{2.13}$$

$$\frac{\partial (\rho^* \boldsymbol{u}^*)}{\partial t^*} + \nabla^* \cdot (\rho^* \boldsymbol{u}^* \boldsymbol{u}^*) = -\nabla^* p^* + Sc_\upsilon \nabla^* \cdot (\rho^* (\nabla^* \boldsymbol{u}^* +$$
$$(\nabla^* \boldsymbol{u}^*)^{\mathrm{T}})) + Sc_\xi \nabla^* (\rho^* (\nabla^* \cdot \boldsymbol{u}^*)) \tag{2.14}$$

$$\frac{\partial C^*}{\partial t^*} + \nabla^* \cdot (C^* \boldsymbol{u}^*) = \nabla^{*2} C^* \tag{2.15}$$

$$\frac{\partial T^*}{\partial t^*} + \nabla^* (T^* \boldsymbol{u}^*) = Le \nabla^{*2} T^* + S_{\mathrm{R}}^* \tag{2.16}$$

$$\left. \frac{\partial C^*}{\partial n^*} \right|_{\mathrm{h}} = -\phi^2 (C_{\mathrm{eq}} - C_{\mathrm{h}}) \tag{2.17}$$

其中的无量纲参数(通过上标 ∗ 表示)可以通过特征长度 L，初始温度 T_0，最终平衡温度 T_{eq}，液相密度 ρ_0 以及初始浓度 C_0 计算：

$$t = \frac{L^2}{D} t^* , \nabla = \frac{1}{L} \nabla^* , \boldsymbol{u} = \frac{D}{L} \boldsymbol{u}^* , \rho = \rho_0 \rho^* , p = \frac{\rho_0 D^2}{L^2} p^* , C = C_0 C^* ,$$

$$T = T_0 + (T_{\mathrm{eq}} - T_0) T^* , S_{\mathrm{R}} = \frac{\rho c_\upsilon (T_{\mathrm{eq}} - T_0) D}{L^2} S_{\mathrm{R}}^* ,$$

$$Sc_\upsilon = \frac{\upsilon}{D} , Sc_\xi = \frac{\xi}{D} , \phi^2 = \frac{k_c L}{D} , Pe = \frac{UL}{D} ,$$

$$Le_i = \frac{\lambda_i}{\rho_i c_{v,i} D} , Pr_i = \frac{Sc_\upsilon}{Le_i} , i = \mathrm{w}, \mathrm{g}$$

$$\tag{2.18}$$

其中,Sc 为施密特数(Schmidt number);Pr 为普朗特数(Prandtl number);Pe 为佩克莱数(Péclet number);ϕ 为蒂勒模量(Thiele modulus);Le 为刘易斯数(Lewis number)。接下来,针对上述控制方程及边界条件,本章将介绍多场耦合数值模型的构建。

2.3 基于格子玻尔兹曼方法的多场耦合数值模型

2.3.1 多组分多相伪势模型

对于格子玻尔兹曼方法基本的演化方程及离散格式,相关著作已做出了详细的介绍[190],本书不再赘述。针对多相流动过程,本书采用 LB 伪势多相模型[199]计算多组分、大密度比的多相流;离散速度模型采用 D2Q9格式,碰撞算子采用多松弛时间模型[259](multiple-relaxation-time,MRT)计算,对于第 σ 组分($\sigma=\mathrm{w}$ 为液相,$\sigma=\mathrm{g}$ 为气相),对应的 LBM 演化方程为

$$\boldsymbol{f}^{\sigma}(\boldsymbol{x}+\boldsymbol{c}_i \Delta t,t+\Delta t)-\boldsymbol{f}^{\sigma}(\boldsymbol{x},t)$$

$$=-\boldsymbol{M}^{-1}\boldsymbol{S}^{\sigma}\big[\boldsymbol{m}^{\sigma}(\boldsymbol{x},t)-\boldsymbol{m}^{\sigma,\mathrm{eq}}(\boldsymbol{x},t)\big]+\Delta t \cdot \boldsymbol{M}^{-1}\Big(\boldsymbol{I}-\frac{\boldsymbol{S}^{\sigma}}{2}\Big)\boldsymbol{F}^{\sigma}+w S_{\mathrm{M}}^{\sigma}$$

$$(2.19)$$

其中,$\boldsymbol{f}^{\sigma}=[f_0^{\sigma},f_1^{\sigma},\cdots,f_{q-1}^{\sigma}]$ 表示密度分布函数,$\boldsymbol{M}$ 表示 MRT 格式从速度空间向矩空间转换的转换矩阵,密度分布函数的矩通过 $\boldsymbol{m}^{\sigma}=\boldsymbol{M}\boldsymbol{f}^{\sigma}$ 计算;$\boldsymbol{F}^{\sigma}$ 表示外力项;S_{M}^{σ} 表示质量源项。对于 D2Q9 模型,离散速度可以表示为

$$\boldsymbol{e}_{\alpha}=\begin{cases}(0,0), & i=0 \\ \Big(\cos\Big(\dfrac{(i-1)\pi}{2}\Big),\sin\Big(\dfrac{(i-1)\pi}{2}\Big)\Big)c, & i=1,2,3,4 \\ \sqrt{2}\Big(\cos\Big(\dfrac{(i-5)\pi}{2}+\dfrac{\pi}{4}\Big),\sin\Big(\dfrac{(i-5)\pi}{2}+\dfrac{\pi}{4}\Big)\Big)c, & i=5,6,7,8\end{cases}$$

$$(2.20)$$

其中,$c=\Delta x/\Delta t$ 表示格子速度,Δx 和 Δt 分别表示单位格子长度及时间步长。$\boldsymbol{w}=[w_0,w_1,\cdots,w_8]$ 为权重系数,$w_0=4/9,w_{1-4}=1/9,w_{5-8}=1/36$。转换矩阵采用以下形式:

$$
\boldsymbol{M} =
\begin{bmatrix}
1 & 1 & 1 & 1 & 1 & 1 & 1 & 1 & 1 \\
-4 & -1 & -1 & -1 & -1 & 2 & 2 & 2 & 2 \\
4 & -2 & -2 & -2 & -2 & 1 & 1 & 1 & 1 \\
0 & 1 & 0 & -1 & 0 & 1 & -1 & -1 & 1 \\
0 & -2 & 0 & 2 & 0 & 1 & -1 & -1 & 1 \\
0 & 0 & 1 & 0 & -1 & 1 & 1 & -1 & -1 \\
0 & 0 & -2 & 0 & 2 & 1 & 1 & -1 & -1 \\
0 & 1 & -1 & 1 & -1 & 0 & 0 & 0 & 0 \\
0 & 0 & 0 & 0 & 0 & 1 & -1 & 1 & -1
\end{bmatrix}
\tag{2.21}
$$

其对应的平衡态矩可以通过宏观物理参数来计算:

$$
\boldsymbol{m}^{\sigma,\mathrm{eq}} = [\rho^\sigma, -2\rho^\sigma + 3\rho^\sigma(u_x^2 + u_y^2), \rho^\sigma - 3\rho^\sigma(u_x^2 + u_y^2),
$$
$$
\rho^\sigma u_x, -\rho^\sigma u_x, \rho^\sigma u_y, -\rho^\sigma u_y, \rho^\sigma(u_x^2 - u_y^2), \rho^\sigma u_x u_y]^\mathrm{T}
\tag{2.22}
$$

其中,u_x 和 u_y 为速度分量。松弛时间对角矩阵 $\boldsymbol{S}^\sigma$ 包含了不同矩碰撞过程的松弛时间,$\boldsymbol{S}^\sigma = \mathrm{diag}(0, \omega_e^\sigma, \omega_\varepsilon^\sigma, 0, \omega_q^\sigma, 0, \omega_q^\sigma, \omega_v^\sigma, \omega_v^\sigma)$,其中 $\omega_\varepsilon^\sigma$ 和 ω_q^σ 为可调参数,可以提高数值计算稳定性,ω_v^σ 和 ω_e^σ 与运动黏度系数和体黏度系数有关[207]:

$$
\upsilon^\sigma = \frac{1}{3}\left(\frac{1}{\omega_v^\sigma} - \frac{1}{2}\right)\frac{\Delta x^2}{\Delta t}, \quad \xi^\sigma = \frac{1}{3}\left(\frac{1}{\omega_e^\sigma} - \frac{1}{2}\right)\frac{\Delta x^2}{\Delta t}
\tag{2.23}
$$

外力项通过以下格式计算:

$$
\boldsymbol{F}^\sigma =
\begin{bmatrix}
0 \\
6(v_x F_x^\sigma + v_y F_y^\sigma) \\
-6(v_x F_x^\sigma + v_y F_y^\sigma) \\
F_x^\sigma \\
-F_x^\sigma \\
F_y^\sigma \\
-F_y^\sigma \\
2(v_x F_x^\sigma - v_y F_y^\sigma) \\
(v_x F_y^\sigma + v_y F_x^\sigma)
\end{bmatrix}
\tag{2.24}
$$

对于各个相的流体,宏观的流体密度以及流速通过密度分布函数进行计算:

$$
\rho^\sigma = \sum f_i^\sigma, \quad \rho^\sigma \boldsymbol{u}^\sigma = \sum f_i^\sigma \boldsymbol{e}_i + \frac{\Delta t}{2}\boldsymbol{F}^\sigma
\tag{2.25}
$$

总体的密度和流速可以计算为

$$
\rho = \sum \rho^\sigma, \quad \boldsymbol{u} = \sum \rho^\sigma \boldsymbol{u}^\sigma \Big/ \sum \rho^\sigma
\tag{2.26}
$$

在多相流动伪势模型的计算过程中,本书同时引入组分内部的相互吸引力 $\boldsymbol{F}_{\sigma\sigma}^{\mathrm{SC}}$ 以及组分间的相互排斥力 $\boldsymbol{F}_{\sigma\bar{\sigma}}^{\mathrm{SC}}$,来实现大密度比、多组分的多相流动[220]:

$$\boldsymbol{F}_{\sigma}^{\mathrm{SC}} = \boldsymbol{F}_{\sigma\sigma}^{\mathrm{SC}} + \boldsymbol{F}_{\sigma\bar{\sigma}}^{\mathrm{SC}} \tag{2.27}$$

其中,组分内部的相互吸引力可以通过式(2.28)计算:

$$\boldsymbol{F}_{\sigma\sigma}^{\mathrm{SC}} = -G_{\sigma\sigma}\psi_{\sigma}(\boldsymbol{x})\sum_{\alpha}w(\mid\boldsymbol{e}_{\alpha}\mid^{2})\psi_{\sigma}(\boldsymbol{x}+\boldsymbol{e}_{\alpha})\boldsymbol{e}_{\alpha} \tag{2.28}$$

其中伪势 $\psi_{\sigma}(\rho)$ 的计算公式为

$$\psi_{\sigma}(\rho) = \sqrt{\frac{2}{G_{\sigma\sigma}}(p_{\mathrm{EOS}} - c_{s}^{2}\rho)} \tag{2.29}$$

其中 $G_{\sigma\sigma}=\mathrm{sign}(p-c_{s}^{2}\rho)$,$c_{s}^{2}=\Delta x^{2}/(3\Delta t^{2})$,式(2.29)中的压力 p_{EOS} 可以通过非理想气体状态方程进行计算[260],本书中采用 Carnahan-Starling 状态方程,其表达式为

$$p_{\mathrm{EOS}} = \rho R T_{\mathrm{EOS}}\frac{1+b\rho/4+(b\rho/4)^{2}-(b\rho/4)^{3}}{(1-b\rho/4)^{3}} - a\rho^{2} \tag{2.30}$$

本书采用文献中提供的参数[236],$a=0.09926$,$b=0.18727$,$R=0.2$。式(2.30)中的 T_{EOS} 用来调节饱和气相和饱和液相的密度比,本书中取 $T_{\mathrm{EOS}}=0.7$。权重系数 $w(\mid\boldsymbol{e}_{\alpha}\mid^{2})$ 定义为

$$w(\mid\boldsymbol{e}_{\alpha}\mid^{2}) = \begin{cases} \dfrac{1}{3}, & \mid\boldsymbol{e}_{\alpha}\mid^{2}=1 \\[2mm] \dfrac{1}{12}, & \mid\boldsymbol{e}_{\alpha}\mid^{2}=2 \end{cases} \tag{2.31}$$

根据 Li 等的工作[207],针对组分内部的相互吸引力,对应的 MRT 外力项可以通过添加修正项提高数值稳定性,其计算式为

$$\boldsymbol{F}^{\sigma\sigma} = \begin{pmatrix} 0 \\ 6(v_{x}F_{\sigma\sigma\,x}^{\mathrm{SC}} + v_{y}F_{\sigma\sigma\,y}^{\mathrm{SC}}) + \dfrac{12\beta\mid\boldsymbol{F}_{\sigma\sigma}^{\mathrm{SC}}\mid^{2}}{\psi(\rho)^{2}\Delta t(1/\omega_{e}-0.5)} \\ -6(v_{x}F_{\sigma\sigma\,x}^{\mathrm{SC}} + v_{y}F_{\sigma\sigma\,y}^{\mathrm{SC}}) - \dfrac{12\beta\mid\boldsymbol{F}_{\sigma\sigma}^{\mathrm{SC}}\mid^{2}}{\psi(\rho)^{2}\Delta t(1/\omega_{\varepsilon}-0.5)} \\ F_{\sigma\sigma\,x}^{\mathrm{SC}} \\ -F_{\sigma\sigma\,x}^{\mathrm{SC}} \\ F_{\sigma\sigma\,y}^{\mathrm{SC}} \\ -F_{\sigma\sigma\,y}^{\mathrm{SC}} \\ 2(v_{x}F_{\sigma\sigma\,x}^{\mathrm{SC}} - v_{y}F_{\sigma\sigma\,y}^{\mathrm{SC}}) \\ (v_{x}F_{\sigma\sigma\,y}^{\mathrm{SC}} + v_{y}F_{\sigma\sigma\,x}^{\mathrm{SC}}) \end{pmatrix} \tag{2.32}$$

其中 β 为可调参数,本书中取 $\beta=0.11$。

对于组分之间的相互排斥力,其计算式为

$$\boldsymbol{F}_{\sigma\bar{\sigma}}^{\mathrm{SC}} = -G_{\sigma\bar{\sigma}}\varphi_{\sigma}(\boldsymbol{x})\sum_{\alpha}w(|\boldsymbol{e}_{\alpha}|^{2})\varphi_{\bar{\sigma}}(\boldsymbol{x}+\boldsymbol{e}_{\alpha})\boldsymbol{e}_{\alpha} \tag{2.33}$$

其中,伪势 $\varphi_{\sigma}(\rho_{\sigma})$ 为

$$\varphi_{\sigma}(\rho_{\sigma}) = 1 - \exp(-\rho_{\sigma}/\rho_{\sigma0}) \tag{2.34}$$

$G_{\sigma\bar{\sigma}}$ 用来调节界面张力的大小,$\rho_{\sigma0}$ 需要根据非混相流体各自平衡时的密度进行选取。在固相表面,采用反弹格式来实现无滑移边界条件,流体与固体间的相互作用力可以计算为

$$\boldsymbol{F}_{\sigma s}^{\mathrm{SC}} = -G_{\sigma s}\varphi_{\sigma}(\boldsymbol{x})\sum_{\alpha}w(|\boldsymbol{e}_{\alpha}|^{2})\varphi_{s}(\boldsymbol{x}+\boldsymbol{e}_{\alpha})\boldsymbol{e}_{\alpha} \tag{2.35}$$

其中,φ_{s} 为固相格子指示函数,当该格子为固相时 $\varphi_{s}=1$;当该格子为液相时 $\varphi_{s}=0$。$G_{\sigma s}$ 用来调节不同的接触角。最终流体的总压力可以表示为

$$p = \sum_{\sigma}\left(p_{\mathrm{EOS},\sigma} + \frac{1}{2}\sum_{\bar{\sigma}}G_{\sigma\bar{\sigma}}\varphi_{\sigma}\varphi_{\bar{\sigma}}\right) \tag{2.36}$$

由于气相被假设为理想气体,因而组分内部的相互吸引力只施加在液相,气相的组分内吸引力设为 $\boldsymbol{F}_{\mathrm{gg}}^{\mathrm{SC}}=0$,此时气相压力满足理想气体状态方程 $p_{\mathrm{EOS},g}=\rho_{g}c_{s}^{2}$。

通过查普曼-恩斯库格分析,上述格子玻尔兹曼方程可以推导为式(2.2)和式(2.3)的纳维-斯托克斯方程的形式[207]。

2.3.2　跨相传质模型及非均相反应边界处理

对于液相中甲烷分子的对流-扩散传质过程,本书采用 D2Q5-LB 模型进行计算,其演化方程为[230]

$$g_{\alpha}(\boldsymbol{x}+\boldsymbol{e}_{\alpha}\Delta t, t+\Delta t) - g_{\alpha}(\boldsymbol{x}, t) = -\frac{1}{\tau_{D}}[g_{\alpha}(\boldsymbol{x}, t) - g_{\alpha}^{\mathrm{eq}}(\boldsymbol{x}, t)] \tag{2.37}$$

其中,g_{α} 为甲烷浓度分布函数;τ_{D} 为松弛时间。对于 D2Q5 模型,不考虑对角线上的离散速度矢量(式(2.20)中的 $\boldsymbol{e}_{5\sim8}$),这种处理可以简化计算模型,提高计算效率而不会导致计算精度的降低[230]。对应的平衡态分布函数为

$$g_{\alpha}^{\mathrm{eq}}(\boldsymbol{x}, t) = C(\boldsymbol{x}, t) \cdot (J_{\alpha} + 0.5\boldsymbol{e}_{\alpha} \cdot \boldsymbol{u}), \quad J_{\alpha} = \begin{cases} J_{0}, & \alpha = 0 \\ (1-J_{0})/4, & \alpha = 1,2,3,4 \end{cases} \tag{2.38}$$

其中 J_0 为可调参数,本书选取 $J_0 = 0.25$。宏观甲烷浓度可计算为

$$C = \sum g_\alpha \tag{2.39}$$

松弛时间 τ_D 由甲烷的扩散系数决定:

$$D = \frac{1}{2}(1 - J_0)(\tau_D - 0.5)\frac{\Delta x^2}{\Delta t} \tag{2.40}$$

通过查普曼-恩斯库格展开,上述格子玻尔兹曼方程可以推导为对流扩散方程式(2.4)的形式,并且数值格式具有二阶精度[190]。

对于非均相反应的处理,本书采用 Link-Wise 格式的边界条件处理形式,不同于 Wet-Node 格式中格子节点位于物理边界上,Link-Wise 格式的格子节点位于物理边界相邻格子的中心处,如图 2.1 所示。浓度分布函数的一阶矩为

$$\sum g_\alpha \boldsymbol{e}_\alpha = C\boldsymbol{u} - D\nabla C \tag{2.41}$$

可以通过计算物理边界上的浓度来计算未知的浓度分布函数,本书采用一阶差分格式[237]来计算边界上的浓度 C_h:

$$D\frac{C_f - C_h}{\Delta y/2} = k_{C0}\exp\left(\frac{E_A}{RT}\right)(C_h - C_{eq}) \tag{2.42}$$

其中,C_f 为物理边界相邻流体格子上的甲烷浓度。在获得物理边界上的浓度后,边界处的未知浓度分布函数即可通过式(2.41)求解,以图 2.1 中 g_2 的求解为例:

$$g_2 - g_4 = C_f u_y - \left(k_{C0}\exp\left(\frac{E_A}{RT}\right)(C_h - C_{eq})\right) \tag{2.43}$$

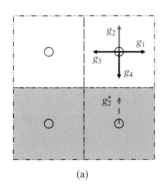
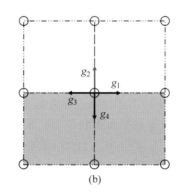

(a)　　　　　　　　　　(b)

图 2.1　Link-Wise 格式和 Wet-Node 格式边界条件处理方法示意图

(a) Link-Wise 格式;(b) Wet-Node 格式

在本章的数值模型中,甲烷的传质过程仅发生在液相格子中,因而气-液界面处甲烷的跨相传质是通过处理气-液界面边界条件的形式实现的,其处理方法是:首先,计算每个格子上的密度值,并与设定阈值(本书取液相密度的 1/2)比较,识别该格子上的相态信息,进而识别气-液界面的位置;其次,计算气相的甲烷压力 p_g,通过亨利定律式(2.11),获得气-液界面处液相中的甲烷浓度 C_{wg},将该浓度作为边界条件施加在气-液界面处,进而求解液相区域内的传质过程。在计算过程中,由于气-液界面的位置时刻发生变化,本章采用 Chen 等[235]提出的方法处理传质计算域的形状更新:当有气相格子或固相格子转变为液相格子,该网格上的甲烷浓度设置为 $C = 0$,这一设置可以保证甲烷组分的守恒;当有液相格子转变为气相格子时,该格子被移出传质计算的计算域,同时该格子上的浓度平均分配给相邻的液相格子。该跨相传质处理方法仅适用于对流作用不强的封闭体系[252],计算开放体系中跨相传质问题的相关模型将在第 4 章介绍。

在计算传质过程的同时,也需要考虑水合物分解过程产生的水和甲烷作为质量源项对多相流动过程的影响。在水合物表面处,认为生成的甲烷全部溶解在水中参与传质过程,无气泡生成,此时仅需计算水的质量源项:

$$S_M^w = k_{C0} \exp\left(\frac{E_A}{RT}\right) (C_{eq} - C_w) \cdot MW_w \qquad (2.44)$$

其中 MW 为相对分子质量。在气-液界面处,水中的甲烷释放到气相中,此时需要在气-液界面处计算甲烷的质量通量作为质量源项:

$$S_M^g = \left(-D \frac{\partial C}{\partial n} + C(\boldsymbol{u} - \boldsymbol{u}_A) \cdot \boldsymbol{n} \right) \cdot MW_g \qquad (2.45)$$

至此,封闭体系天然气水合物分解过程的跨相传质问题可以得到完整的数值描述。

2.3.3 共轭传热模型

现有的 LB 传热模型包括多速模型、双分布函数模型以及混合模型[254],由于双分布函数模型的数值稳定性较高,对于不同普朗特数的适应性较好[254],本书采用 D2Q5 双分布函数模型计算共轭传热过程,其演化方程的形式为[255]

$$h_\alpha(\boldsymbol{x} + \boldsymbol{e}_\alpha \Delta t, t + \Delta t) - h_\alpha(\boldsymbol{x}, t)$$
$$= -\frac{1}{\tau_\chi}[h_\alpha(\boldsymbol{x}, t) - h_\alpha^{eq}(\boldsymbol{x}, t)] + J_\alpha S_c \Delta t + J_\alpha S_r \Delta t \qquad (2.46)$$

其中 h_α 为温度分布函数；τ_χ 为松弛时间；S_c 为共轭传热源项；S_r 为反应热源项。平衡态分布函数为

$$h_\alpha^{\text{eq}}(\boldsymbol{x},t) = T(J_\alpha + 0.5\boldsymbol{e}_\alpha \cdot \boldsymbol{u}) \tag{2.47}$$

其中 J_α 采用与式(2.38)相同的定义。宏观的温度可通过式(2.48)计算：

$$T = \sum h_\alpha \tag{2.48}$$

松弛时间 τ_χ 与热扩散系数相关：

$$\chi = \frac{\lambda}{\rho c_p} = \frac{1}{2}(1 - J_0)(\tau_\chi - 0.5)\frac{\Delta x^2}{\Delta t} \tag{2.49}$$

由于本书的格子布置采用 Link-Wise 格式，这里假设水合物表面处分解反应的吸热造成相邻的水合物相格子（角标 h）和流体相格子（角标 f）的温度降低值相等，即 $\Delta T_f = \Delta T_h$，对应的反应热源项可以表示为

$$\begin{cases} R = k_{C0}\exp\left(\dfrac{E_A}{RT}\right)(C_{\text{eq}} - C_h) \\[3mm] S_r^f = \dfrac{-R\Delta H \cdot \left(\dfrac{(\rho c_p)^f}{(\rho c_p)^f + (\rho c_p)^h}\right)}{(\rho c_p)^f} = \dfrac{-R\Delta H}{(\rho c_p)^f + (\rho c_p)^h} \\[6mm] S_r^h = \dfrac{-R\Delta H \cdot \left(\dfrac{(\rho c_p)^h}{(\rho c_p)^f + (\rho c_p)^h}\right)}{(\rho c_p)^h} = \dfrac{-R\Delta H}{(\rho c_p)^f + (\rho c_p)^h} \end{cases} \tag{2.50}$$

根据 Karani 等[255]的工作，共轭换热源项可以表示为

$$S_c = \nabla\left(\frac{1}{\rho c_p}\right) \cdot (-\lambda\nabla T + \rho c_v T\boldsymbol{u}) \tag{2.51}$$

其数值可通过式(2.52)计算：

$$S_c = \nabla\left(\frac{1}{\rho c_p}\right) \cdot (\rho c_v)\left[\left(1 - \frac{1}{2\tau_\chi}\right)\sum_\alpha(h_\alpha - h_\alpha^{\text{eq}})\boldsymbol{e}_\alpha + \boldsymbol{u}T\right] \tag{2.52}$$

其中 $\nabla\left(\dfrac{1}{\rho c_p}\right)$ 可通过有限差分的方式进行计算：

$$\begin{cases} (\rho c_p)_{\text{avg}} = \dfrac{(\rho c_p)_k + (\rho c_p)_{k+1}}{2} \\[4mm] \dfrac{\partial}{\partial x_j}\left(\dfrac{1}{\rho c_p}\right) = \dfrac{\left(\dfrac{1}{\rho c_p}\right)_k - \left(\dfrac{1}{\rho c_p}\right)_{\text{avg}}}{\Delta x_j/2} \end{cases} \tag{2.53}$$

通过查普曼-恩斯库格展开，上述格子玻尔兹曼传热模型可以推导为

式(2.5)的形式,并且具有二阶精度[190]。

2.3.4 固相演化模型

本书采用 Kang 等[231]提出的 VOP 模型实现水合物固相结构演化的计算。首先在每个格子中设定固相体积 V_h,如果该格子在流体域内则 $V_h = 0$;如果该格子在固体域内则 $V_h = 1$。当分解反应发生时,在水合物表面,固相格子中的固相体积 V_h 不断减少,其演化式为

$$V_h(t + \Delta t) = V_h(t) - k_{C0} \exp\left(\frac{E_A}{RT}\right)(C_{eq} - C_h)V_M A_s \Delta t \qquad (2.54)$$

其中,V_M 表示水合物的摩尔体积。随着分解的不断进行,当固相体积 V_h 下降到 0 时,该格子转变为流体格子,同时对该格子上的物理信息进行初始化。其中气相和液相的密度 ρ_g、ρ_w,速度 u 和浓度 C 取相邻流体网格内物理量的平均值,温度 T 无需更新,但该格子上的热物性参数 $\chi = \lambda/(\rho c_p)$ 需要重新计算;密度、浓度及温度分布函数采用平衡态分布函数进行初始化。

2.3.5 多场耦合数值计算流程

基于格子玻尔兹曼方法,本节分别介绍了多组分多相流动、跨相传质、非均相反应、共轭传热及固相演化的数值模型,接下来将通过图 2.2 所示的计算流程,利用 C++ 语言进行编程,耦合上述数值模型,对封闭体系天然气水合物分解过程进行数值模拟,具体步骤如下:

(1) 求解多组分多相流动模型式(2.19),计算相态分布及流场,更新热物性参数,并对相态分布发生变化的格子上的浓度进行更新;

(2) 在液相格子中求解传质模型式(2.37),在水合物表面计算非均相分解反应式(2.43),在气-液界面处计算浓度边界条件式(2.11),进而获得液相中甲烷的浓度分布;

(3) 基于甲烷在液相中的浓度分布,利用式(2.44)和式(2.45)计算液相和气相的质量源项,利用式(2.50)计算反应热源项;

(4) 求解共轭传热模型式(2.46),计算水合物分解反应平衡浓度及反应速率动力学参数;

(5) 利用 VOP 模型式(2.54)求解固相演化过程,在固相转变为流体的格子上进行宏观物理量的初始化;

(6) 重复上述计算步骤,直到分解结束。

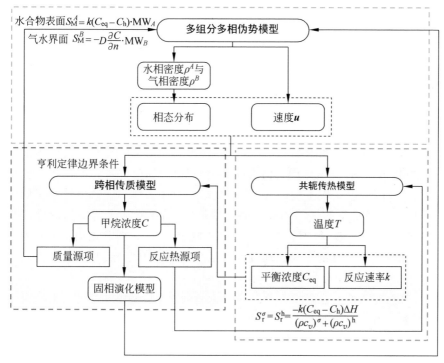

图 2.2　多场耦合数值计算流程示意图

2.4　多场耦合数值模型的验证

在构建了天然气水合物分解过程多场耦合数值模型后,本节利用案例
计算对数值模型的准确性进行验证,包括:①热力学一致性验证及杨-拉普
拉斯实验,用于验证平衡状态下大密度比多组分多相伪势模型的准确性;
②多相泊肃叶流动,用于验证流动条件下多相伪势模型的准确性;③方腔
内的反应传质过程,用于验证传质 LB 模型的准确性;④封闭区域内的
CO_2 溶解过程,用于验证封闭体系多相流动与跨相传质耦合计算过程的
数值准确性;⑤Rayleigh-Bernard 自然对流过程,用于验证传热 LB 模型
的准确性。为了便于讨论,验证案例计算过程中采用的单位均为无量纲
的格子单位,格子单位和实际物理单位的换算可参考文献[190],这里不
做赘述。

2.4.1 热力学一致性验证及杨-拉普拉斯实验

针对 2.3.1 节构建的多相流动数值模型,本节首先开展了热力学一致性的验证及杨-拉普拉斯实验来证明多组分多相伪势模型的准确性。针对热力学一致性的验证,仅考虑单组分流体饱和蒸气-饱和液滴共存的场景,此时仅引入了式(2.28)定义的组分内部的相互吸引力 $\boldsymbol{F}_{\sigma\sigma}^{\mathrm{SC}}$,模拟了饱和液滴在饱和蒸气中稳定存在时的密度比,计算采用的非理想气体状态方程为式(2.30)。计算域如图 2.3 所示,网格大小为 100×100,中心处设置半径 $r=20$ 的液滴,计算域四周均为周期性边界条件,通过设置不同的状态方程温度 T_{EOS},可以实现不同的气、液密度比。图 2.4 展示了数值计算获得的不同 T_{EOS} 条件下的气相和液相的密度值,并与麦克斯韦等面积原理计算的理论值进行比较,数值结果与理论结果吻合较好,说明利用组分内部的相互吸引力 $\boldsymbol{F}_{\sigma\sigma}^{\mathrm{SC}}$ 计算的多相流动过程满足热力学一致性,能够准确地描述非理想状态方程所确定的气-液分布。

在验证了单组分多相流动的热力学一致性后,本书同时引入组分内吸引力 $\boldsymbol{F}_{\sigma\sigma}^{\mathrm{SC}}$ 及组分间排斥力 $\boldsymbol{F}_{\sigma\bar{\sigma}}^{\mathrm{SC}}$,模拟多组分多相流动的杨-拉普拉斯实验。在模拟过程中,液相同时受到组分内和组分间的作用力,气相被视为理想气体,仅考虑组分间的排斥力,气-液密度比设为 80($\rho_{\mathrm{w}}=8.0$,$\rho_{\mathrm{g}}=0.1$),运动黏度为 $\upsilon_{\mathrm{w}}=\upsilon_{\mathrm{g}}=1.0$(以上均为格子单位)。模拟计算域为 100×100 的网格,四周为周期性边界条件,计算域中央为不同半径的液滴,其余位置均为气相,组分间的相互排斥力系数设定为 $G_{\mathrm{wg}}=0.6$。

图 2.3　热力学一致性验证计算域初始相态分布

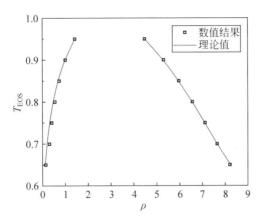

图 2.4　热力学一致性验证数值计算结果

根据杨-拉普拉斯定律,二维液滴内外的压差与液滴半径应满足[261]:

$$\Delta p = \frac{\kappa}{r} \tag{2.55}$$

其中,κ 为界面张力系数;r 为液滴的半径。为了验证多组分多相模型的准确性,在模拟过程中本书计算了不同半径液滴的内外压差,其结果如图 2.5 所示。同时本书对液滴内外压差及液滴半径的倒数进行了线性拟合,可以看到,压差 Δp 与半径的倒数 $1/r$ 满足良好的线性关系,R 平方值为 0.999,满足杨-拉普拉斯定律。上述模拟结果说明本书采用的伪势模型能够准确地模拟大密度比的多相多组分相态分布情况。

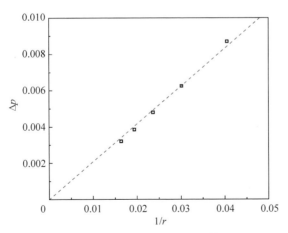

图 2.5　杨-拉普拉斯实验数值计算结果

2.4.2　多相泊肃叶流动数值模拟

在验证了 LB 伪势模型模拟静态多组分多相分布的准确性后,本节模拟了多相泊肃叶流动来验证伪势模型计算多组分多相动态流动的准确性。研究对象如图 2.6 所示,在二维通道内分布有不同相态的流体(流体 A 和流体 B),流道宽度 $2H=98$,流体 B 的宽度 $2h\approx50$(由于两种流体的初始值并未达到平衡态,实际计算过程中流体 B 的宽度与初始设定宽度有一定偏差),上下壁面设置为无滑移边界条件,左右进出口采用周期性边界条件,流体中施加了恒定的体积力 g 来驱使流体 A 和 B 的流动。在这一设定条件下,流道截面上的速度分布满足:

$$\begin{cases} 0 \leqslant y < h: u = A_1 y^2 + C_1 \\ h \leqslant y < H: u = A_2 y^2 + B_2 y + C_2 \\ A_1 = -g/(2\rho_B \upsilon_B), A_2 = -g/(2\rho_A \upsilon_A), B_2 = -2A_2 h + 2A_1 h \frac{\rho_B \upsilon_B}{\rho_A \upsilon_A} \\ C_1 = (A_2 - A_1)h^2 - B_2(H-h) - A_2 H^2, C_2 = -A_2 H^2 - B_2 H \end{cases} \tag{2.56}$$

在计算过程中,本节模拟了两组不同密度比及黏度比条件下的流动情况。第一组工况中,$\rho_A=6.5$,$\rho_B=1.0$,$\upsilon_A=1.0$,$\upsilon_B=0.1$,黏度比 $M=\mu_A/\mu_B=65$;第二组工况中,$\rho_A=1.0$,$\rho_B=6.5$,$\upsilon_A=0.1$,$\upsilon_B=0.1$,黏度比 $M=\mu_A/\mu_B=0.154$。其中 $\mu=\rho\upsilon$ 表示动力黏度。图 2.7 比较了 LB 模型计算结果与式(2.56)得到的理论截面速度分布,数值结果与理论结果吻合情况很好,同时本书计算了数值结果(下标 sim)与理论结果(下标 any)的相对偏差:

$$E = \sqrt{\frac{1}{n} \sum_n \left(\frac{u_{sim} - u_{any}}{u_{any}} \right)^2} \tag{2.57}$$

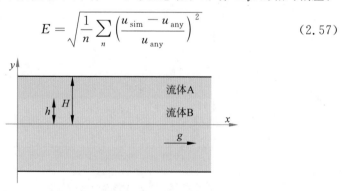

图 2.6　多相泊肃叶流动计算域及初始相态分布

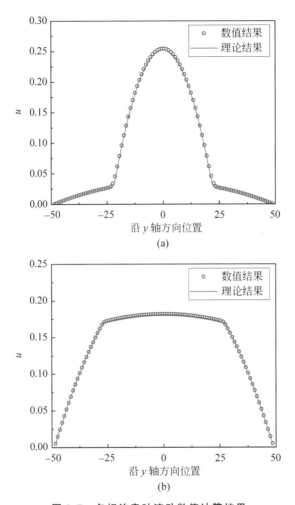

图 2.7　多相泊肃叶流动数值计算结果

（a）黏度比 $M=65$；（b）黏度比 $M=0.154$

当黏度比 $M=65$ 时，数值结果与理论结果相比，相对偏差为 4.12%；当黏度比 $M=0.154$ 时，相对偏差为 0.63%，偏差较小，证明了本书采用的多组分多相伪势模型是准确的。

2.4.3　方腔内反应传质过程计算

在验证了多相流动模型的准确性后，本书对 2.3.2 节中构建的传质模型及非均相反应边界处理格式的准确性进行验证，研究对象为方腔内的反应传质过程。边界条件设置如图 2.8 所示，计算域的长 $a=100$，高 $b=80$；下方及右侧壁面为无质量通量边界条件；左侧壁面为定常浓度边界条件 $C=1.0$；上方壁面为非均相反应边界条件，反应速率常数为 k_r。由于是封闭体系，传质过程不考虑对流的影响，控制方程为

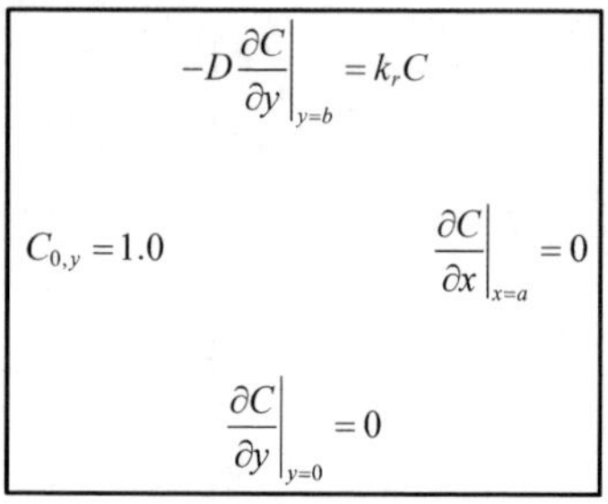

$$\frac{\partial C}{\partial t}=D\nabla^2 C \qquad (2.58)$$

$$-D\frac{\partial C}{\partial y}\bigg|_{y=b}=k_r C$$

$$C_{0,y}=1.0 \qquad \frac{\partial C}{\partial x}\bigg|_{x=a}=0$$

$$\frac{\partial C}{\partial y}\bigg|_{y=0}=0$$

图 2.8　方腔反应传质过程计算域及边界条件示意图

根据控制方程及边界条件，最终平衡态下浓度分布满足式(2.59)：

$$\begin{cases} C(x,y)=\sum_{n=0}^{\infty}\dfrac{\sin(\beta_n b)}{N_n^2 \beta_n}\dfrac{\cosh\left[\beta_n(x-a)\right]}{\cosh(\beta_n a)}\cos(\beta_n y) \\ N_n^2=\dfrac{b}{2}\left[1+\dfrac{\sin(2\beta_n b)}{2\beta_n b}\right],(\beta_n b)\tan(\beta_n b)=Da=\dfrac{k_r b}{D} \end{cases} \qquad (2.59)$$

其中，达姆科勒数(Damköhler number)Da 的定义与式(2.18)中蒂勒模量的平方的定义一致，都可用来表征反应尺度与扩散尺度的量级比较。

针对上述物理问题，本书利用 2.3.2 节介绍的传质模型及非均相化学反应边界条件处理格式进行数值模拟，图 2.9 展示了 $Da=4.8$ 和 $Da=48$ 两种工况下通过数值计算获得的最终平衡时浓度分布情况，同时计算了数值结果与理论结果的相对偏差。当 $Da=4.8$ 时，相对偏差为 0.04%；当 $Da=48$ 时，相对偏差小于 0.01%。以上研究证明了本章采用的传质模型及非均相反应边界处理格式具有良好的准确性。

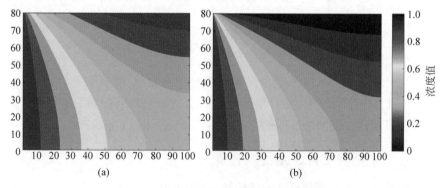

图 2.9　方腔反应传质过程数值计算结果
(a) $Da=4.8$；(b) $Da=48$

2.4.4 封闭区域内的 CO_2 溶解过程计算

在分别验证了多相伪势模型和传质模型的准确性后,本节通过计算封闭区域内的 CO_2 溶解问题来验证多相流动与跨相传质耦合计算的数值准确性。研究对象如图 2.10 所示,在两个无限长的平板间分布着气相的 CO_2 和液相的水,在初始阶段,液相中 CO_2 浓度为 0,随后气相中 CO_2 会向液相中溶解。在气-液界面处,液相中 CO_2 浓度与气相中 CO_2 的压力满足亨利定律式(2.11),随着 CO_2 的不断溶解,液相中的 CO_2 平均浓度不断升高,气相中的 CO_2 压力不断降低;而在气-液界面处,由于气相 CO_2 的压力降低,根据亨利定律液相中界面处 CO_2 的浓度也降低,最终液相中的 CO_2 浓度与气相中的 CO_2 压力达到平衡状态。

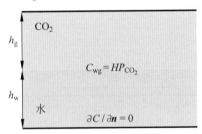

图 2.10 封闭区域 CO_2 溶解计算域及边界条件示意图

这一过程中,液相中 CO_2 归一化浓度分布随时间的变化关系可由式(2.60)估算[262]:

$$
\begin{cases}
\text{初期阶段:} C(y,t) = e^{\prod^2 t - \prod y}\left[1 + \mathrm{erf}\left(-\prod\sqrt{t} + \dfrac{y}{2\sqrt{t}}\right)\right], \\[2mm]
\prod = H \cdot MW_g \cdot RT\dfrac{h_w}{h_g} \\[2mm]
\text{后期阶段:} C(y,t) = \sum_{n=0}^{\infty} a_n e^{-p_n t},\ \tan(p_n) = -\dfrac{p_n}{\prod}, \\[2mm]
a_n = \begin{cases}
\dfrac{1}{1+\prod} & n=0, \\[3mm]
\dfrac{2\prod\cos(p_n y) + 2p_n\sin(p_n y)}{\prod^2 + \prod + p_n^2} & n \geq 1
\end{cases}
\end{cases}
\tag{2.60}
$$

针对上述物理问题,本书采用 2.3 节的耦合数值模型进行模拟,气-液多组分多相流动通过伪势模型计算,$h_g = h_w = 50$,初始液相密度为 $\rho_w = 8.0$,

初始气相密度 $\rho_g = 0.1$，跨相传质通过在界面处计算浓度边界条件实现，亨利系数 $H = 30.0$，扩散系数 $D = 0.01$。溶解过程中，考虑因跨相传质导致的 CO_2 气体质量的减少及压力的降低，对应的质量源项通过式(2.45)计算，CO_2 的相对分子质量取为 $MW_g = 0.1$，理想气体常数 $RT = c_s^2 = 1/3$。图 2.11 展示了数值计算结果与解析解的比较，结果吻合很好，证明了本章提出的耦合多相伪势模型和传质模型计算跨相传质过程的方法是可靠的。

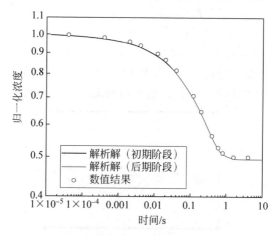

图 2.11　封闭区域 CO_2 溶解数值计算结果

2.4.5　Rayleigh-Bernard 自然对流计算

对于 2.3.3 节所构建的传热模型，本书通过模拟 Rayleigh-Bernard 自然对流验证数值模型的准确性。研究对象如图 2.12 所示，两个无限长平板间有密度随温度变化的流体，其受到浮升力的影响满足布西内斯克假设：$\boldsymbol{F} = -g\beta(T - T_m)\boldsymbol{j}$，其中 g 为重力系数，β 为热膨胀系数。上平板温度较低 $T_l = 0.95$，下平板温度较高 $T_h = 1.05$，平均温度 $T_m = (T_l + T_h)/2 = 1.0$。由于浮升力的作用，两平板间的流体发生自然对流，本书利用 LB 传热模型和单相流动模型模拟自然对流过程，计算了不同瑞利（Rayleigh）数 $Ra = g\beta(T_h - T_l)h^3/(\upsilon\chi)$ 下的努塞特（Nusselt）数：

$$Nu = 1 + \langle \upsilon T \rangle \frac{h}{T_h - T_l} \tag{2.61}$$

其中 $\langle \rangle$ 表示计算域内的平均值。图 2.13 展示了瑞利数分别为 $Ra = 2000$，$Ra = 20000$ 及 $Ra = 50000$ 时数值计算获得的温度场和速度场，同时表 2.1 展示了不同 Ra 条件下的 Nu 的计算结果，与理论值相对偏差不超过 1.5%，说明本章所采用的 LB 传热模型是可靠的。

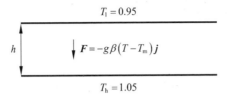

图 2. 12　Rayleigh-Bernard 自然对流计算域及边界条件示意图

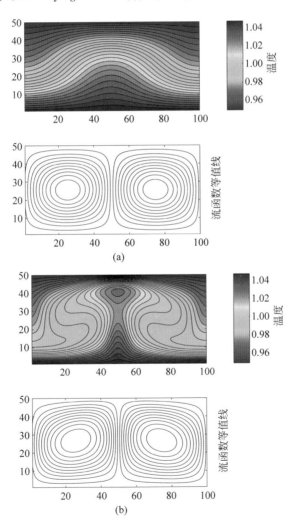

图 2. 13　Rayleigh-Bernard 自然对流温度场及速度场计算结果

(a) $Ra = 2000$；(b) $Ra = 20000$；(c) $Ra = 50000$

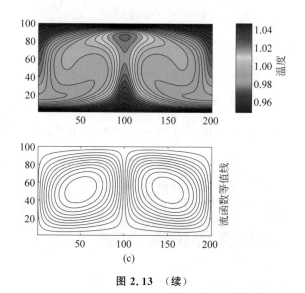

图 2.13　（续）

表 2.1　不同瑞利数条件下努塞特数数值结果与理论值

Ra	Nu（数值解）	Nu（理论值）	相对偏差/%
2000	1.223	1.212	0.91
20000	3.251	3.258	0.21
50000	4.183	4.245	1.46

2.5　本章小结

　　本章针对封闭体系天然气水合物分解孔隙尺度数值模拟,构建了多场耦合数值模型并实现了模型的验证,主要结论如下:

　　(1)针对天然气水合物分解过程中的多物理化学场耦合问题,做出了合理的假设,提出了描述水合物分解过程的控制方程,提取了关键的无量纲参数。

　　(2)基于格子玻尔兹曼方法,构建了耦合多组分多相流动、跨相传质、共轭传热、非均相反应及固相演化的孔隙尺度数值模型。

　　针对多相流动,采用伪势模型,通过同时引入组分间及组分内的相互作用力,实现大密度比多组分多相流动的数值模拟;针对跨相传质,采用 D2Q5 模型,通过识别气-液界面的位置,施加浓度边界条件并计算界面处

的质量通量,实现封闭体系跨相传质的数值模拟;针对非均相反应,采用
Link-Wise 边界格式进行计算;针对共轭传热,采用 D2Q5 模型,通过引入
共轭传热源项及反应吸热源项,实现共轭传热的数值模拟;针对固相演化,
采用 VOP 模型进行模拟;同时,本章设计了相关计算流程,实现了上述数
值模型的耦合求解。

(3) 针对上述数值模型,本章利用经典数值案例进行验证,数值结果与
理论解展现了良好的一致性,证明了本章所采用的多相伪势模型、封闭体系
跨相传质模型及共轭传热模型是准确可靠的。

上述研究为第 3 章封闭体系下天然气水合物分解孔隙尺度数值模拟的
研究奠定了基础。

第3章 天然气水合物分解过程
传热传质控制机理分析

3.1 引 论

　　天然气水合物在储层多孔介质中的分解是典型的多物理化学耦合过程[49]，其在孔隙尺度的分解行为是决定天然气水合物宏观开采特性的根本因素。已有孔隙尺度实验说明[161,167]传热、传质等过程显著影响了水合物分解的介观行为，然而受限于实验观测手段，这些影响规律很难通过实验观察获得全面的认识。因此，需要借助孔隙尺度数值模拟方法，准确描述孔隙结构内水合物分解的多物理过程，深入认识多物理机制对水合物分解行为的影响规律。

　　本章将利用基于格子玻尔兹曼方法的多场耦合数值模型，开展封闭体系天然气水合物分解孔隙尺度数值研究。分析传热、传质、相态分布等对水合物分解行为的影响规律，分析不同蒂勒模量 ϕ 条件下水合物分解反应的控制机制。通过与孔隙尺度实验的对比，明确决定水合物分解行为的实际控制机制，认识传质限制作用的影响规律。基于对传质限制作用的认识，提出修正的分解速率动力学模型，为水合物分解尺度升级研究提供理论基础。

3.2 物理模型及计算参数

　　为了更深入、更直观地认识水合物分解过程中表面反应和热质输运的相互作用机理，本章首先针对一个基本问题：含气泡方腔内的水合物降压分解过程，进行研究，计算域如图 3.1 所示。方腔的边长为 $200~\mu m$，四周壁面为厚度 $20~\mu m$ 的水合物，中心有一直径为 $90~\mu m$ 的甲烷气泡，其余位置均为水层。在初始时刻，水中的甲烷浓度与气相中甲烷的压力满足亨利定律所规定的平衡关系 $C_w = Hp_g = 0.025~\text{mol/L}$，这一浓度小于初始温度 $T_0 = 280.15~\text{K}$ 条件下的甲烷平衡浓度 $C_{eq} = 0.125~\text{mol/L}$（由式(2.8)计算获得），由于初始条件偏离水合物相平衡，分解反应发生，生成甲烷和水。分解生成的甲烷分子通过在水中的扩散，穿过水层进入中心处的气泡内，随着甲烷分子的不断积累，气泡中的压力不断升高，水中的甲烷浓度也随之升高；同时，分解过程还伴随着水合物固相结构的变化以及气泡大小和水层厚度的变化。通过对方腔水合物分解问题的研究，可以直观地认识甲烷分解过程中跨相传质、共轭传热以及相态分布对水合物分解行为的影响，同时明确天然气水合物分解过程动力学限制和扩散限制的作用区间。

图 3.1　含气泡方腔内的水合物降压分解过程数值模拟计算域

在认识了传热传质等机理对水合物分解行为的影响后，本章针对水合物降压分解孔隙尺度实验进行数值模拟，基于显微 CT 获得水合物储层中的相态分布图像[161]，模拟降压分解实验，通过数值模拟结果与实验观察结果的比较研究，明确影响水合物分解行为的具体机理，研究对象如图 3.2 所示。计算域的网格数量为 500×500，格子长度为 1 μm，在数值模拟过程中，认为实验过程流体流速十分缓慢，不考虑强迫对流和自然对流的影响，四周设置为无滑移边界条件。在数值模拟的开始阶段只计算多相流动模型，直到相态分布达到平衡，并通过调节接触角的大小（$\theta \approx 20°$）使最终平衡时的气-液相态分布与实验图像保持一致。随后，再启动跨相传质、共轭传热、分解非均相反应及固相演化等多物理模型的计算，来模拟实际的水合物降压分解实验过程。在初始时刻，水层中甲烷的浓度为初始温度 $T_0 = 280.15$ K 下的平衡浓度 $C_{eq} = 0.125$ mol/L，由于是降压分解过程，气相中的初始压力低于平衡压力，为 $p_0 = 0.33$ MPa；由于气相压力的降低，水中的甲烷通过跨相传质向气相输运，导致水层中甲烷浓度降低，进而引起水合物的分解。在实验过程中，为了提高显微 CT 图像的对比度，文献[161]采用氙气代替甲烷进行水合物生成分解实验,考虑到氙气和甲烷的物性条件相似[155],本书仍利用甲烷的物性参数来模拟水合物分解实验过程。模拟过程使用的相关物性参数及物理单位与格子单位的换算如表 3.1 所列。

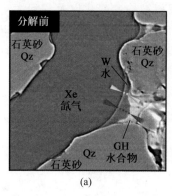
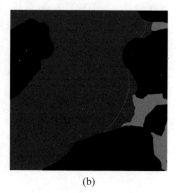

(a)　　　　　　　　　　　　　　(b)

图 3.2　水合物降压分解孔隙尺度实验数值模拟计算域

(a) 水合物降压分解孔隙尺度实验显微 CT 图像[161];(b) 数值模拟初始相态分布(其中红色为液相,蓝色为气相,灰色为水合物,黑色为储层岩石基质)

表 3.1　水合物分解数值模拟过程中采用的物性参数

参数名称及符号	参数大小(物理单位)	参数大小(格子单位)
水的密度 ρ_w	1000 kg/m^3	8.0
甲烷的密度 ρ_g	12.5 kg/m^3	0.1
水合物的摩尔体积 V_M	0.124 m^3/mol	0.124
水的运动黏度系数 υ_w	1.0×10^{-6} m^2/s	1.0
甲烷的运动黏度系数 υ_g	3.0×10^{-6} m^2/s	3.0
甲烷在水中的扩散系数 D	$1.0\times10^{-9}\sim1.0\times10^{-7}$ m^2/s	$0.001\sim0.1$
甲烷在水中的亨利系数 H	0.025 mol/(L·MPa)	0.025
水合物分解指前因子 k_0	2.05×10^6 m/s	2.05×10^6
水合物分解活化能 E_A/R	9399 K	9399
水合物分解反应焓 ΔH	51.86 kJ/mol	5.186
水的导热系数 λ_w	0.55 W/(m·K)	0.055
甲烷的导热系数 λ_g	0.05 W/(m·K)	0.005
固相导热系数 λ_s	0.36 W/(m·K)	0.036
水的比热容 c_{pw}	4.2 kJ/(kg·K)	0.053
甲烷的比热容 c_{pg}	2.2 kJ/(kg·K)	0.028
固相比热容 c_{ps}	3.6×10^3 kJ/(m^3·K)	0.36

3.3　计算结果及讨论

3.3.1　水合物分解控制机理分析

首先,本书将基于方腔水合物分解问题,讨论跨相传质、共轭传热和相态分布对分解过程的影响机制,通过计算甲烷气泡压力的变化规律、水合物结构演化规律及甲烷产出速率,评估不同控制机理下水合物分解行为特征,明确影响水合物分解行为的控制区间,指出影响水合物分解速率的关键因素。

（1）传质与本征动力学的竞争机制

为了认识跨相传质过程对水合物分解行为的影响,本书针对水层中甲烷的传质与水合物表面分解反应动力学的竞争机制进行分析讨论。在这一部分,为了突出传质过程和反应动力学的影响,计算过程中不考虑反应吸热及温度变化等传热的作用,水合物分解过程视为等温过程。由于蒂勒模量 ϕ 表征了反应动力学和扩散速率的竞争关系,在研究中本书选取了不同的扩散系数和反应动力学参数来实现不同的蒂勒模量,进而讨论传质和反应的竞争关系,具体参数如表 3.2 所示。蒂勒模量的计算与式（2.18）一致：

$$\phi = \sqrt{\frac{k_C L}{D}} \tag{3.1}$$

其中特征长度 L 取水合物方腔的边长 $L = 2.0 \times 10^{-4}$ m。

表 3.2　不同蒂勒模量工况对应的扩散系数及反应速率常数

扩散系数 $D/(\mathrm{m}^2 \cdot \mathrm{s}^{-1})$	反应速率 $k_C/(\mathrm{m} \cdot \mathrm{s}^{-1})$	蒂勒模量的平方值 ϕ^2
1.0×10^{-7}	2.16×10^{-4}	0.432
1.0×10^{-8}	2.16×10^{-4}	4.32
1.0×10^{-9}	2.16×10^{-4}	43.2
1.0×10^{-9}	2.16×10^{-3}	432

图 3.3 展示了不同蒂勒模量条件下,水中甲烷浓度分布随时间的演化情况。随着水合物的分解,方腔内孔隙体积增大,随着甲烷和水的生成,水层厚度增厚且气泡体积增大。当蒂勒模量较小（$\phi^2 = 0.432$）即扩散系数较大（$D = 1.0 \times 10^{-7}$ m²/s）时,如图 3.3(a)所示,水层中甲烷的浓度随着分解的进行不断升高,且水层中甲烷浓度分布基本保持均一的状态,这说明当蒂勒模量较小时,水合物分解生成的甲烷能很快地从水合物表面扩散到气相中,而不会在水合物表面积累并影响水合物分解的速率,水层中的扩散阻

力对水合物分解速率的影响可以忽略。当蒂勒模量升高至 $\phi^2 = 4.32$ 时，如图 3.3(b)所示，水层中开始出现甲烷的浓度梯度。当 $\phi^2 = 43.2$ 时，甲烷浓度梯度更加明显，气泡附近的甲烷浓度远低于水合物表面处的浓度，说明水层中缓慢的扩散速率限制了甲烷从水合物表面向气相的输运，导致甲烷在水合物表面堆积，浓度较高。根据式(2.7)，由于水合物表面的浓度与平衡浓度的差值减小，水合物分解的速率降低，这种由于扩散速率的限制导致的水合物分解速率的降低被称为"传质限制作用"。当 $\phi^2 = 432$ 时，尽管反应速率提高了 10 倍，甲烷的浓度分布变化与 $\phi^2 = 43.2$ 时的结果基本相同，说明此时扩散速率是限制甲烷分解速率的主导因素，本征的分解反应动力学参数对表观的分解速率影响不大，此时水合物分解过程是扩散控制的。

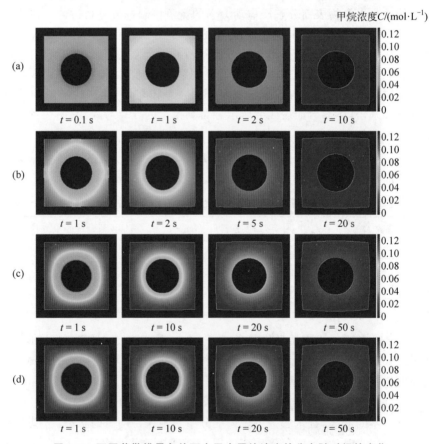

甲烷浓度 $C/(\mathrm{mol \cdot L^{-1}})$

图 3.3　不同蒂勒模量条件下水层中甲烷浓度的分布随时间的变化

(a) $\phi^2 = 0.432$；(b) $\phi^2 = 4.32$；(c) $\phi^2 = 43.2$；(d) $\phi^2 = 432$

　　图 3.4 展示了不同蒂勒模量条件下甲烷气泡压力变化曲线及甲烷累积产出量曲线。比较 $\phi^2 = 43.2$ 及 $\phi^2 = 432$ 两条曲线可以看出,尽管本征分解反应动力学参数相差了 10 倍,但表观的甲烷产出速率基本一致,说明在高蒂勒模量条件下甲烷在水中的扩散是限制水合物分解速率的主导因素,水合物分解本征动力学对表观分解速率的影响不大,此时分解过程为扩散控制,这与前文对基于甲烷浓度分布演化的分析是一致的。当蒂勒模量从 $\phi^2 = 4.32$ 下降到 $\phi^2 = 0.432$ 时,尽管扩散系数提高了 10 倍,但表观水合物分解速率并没有显著的提升,说明此时本征的分解反应动力学参数是限制水合物分解表观速率的主导因素,此时的水合物分解过程为动力学控制。当蒂勒模量处于 $O(1) \sim O(10)$ 的区间时,水合物分解过程处于从动力学控制向扩散控制转变的过渡区域,此时本征的分解反应动力学参数及甲烷在水中的扩散系数对水合物分解的表观速率都有重要的影响。基于上述分析,可以将水合物分解过程划分为不同的控制区间:当 $\phi^2 < O(1)$ 时,水合物分解过程为动力学控制;当 $\phi^2 > O(10)$ 时,水合物分解过程为扩散控制;当 $\phi^2 \approx O(1) \sim O(10)$ 时,水合物分解过程由动力学控制向扩散控制过渡。

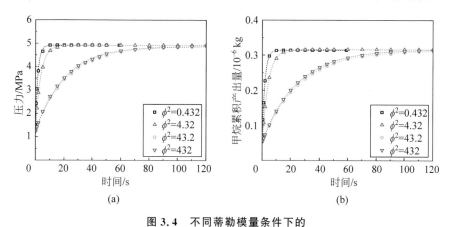

图 3.4　不同蒂勒模量条件下的

（a）甲烷气泡压力变化曲线；（b）甲烷累积产出量曲线

注：图中虚线为指数拟合曲线。

　　当水合物分解过程达到平衡状态后,本书统计了水合物方腔底边剩余水合物的厚度沿水平轴向的分布,来表征水合物固相结构的演化规律。如图 3.5 所示,随着蒂勒模量的降低,剩余水合物的表面变得更加平缓,这与水合物分解过程的控制机制有关。当蒂勒模量较低时（$\phi^2 = 0.432$）,水合物剩余结构保持了初始条件下的形状,几乎呈平面形状。由于此时分解过程为动力学控制,水层中甲烷的浓度基本趋于均一,因而水合物表面各个位置的反应速率是一致的,水合物的结构保持了最初的形状。当蒂勒模量逐渐升高时,水合物分解过程从动力学控制向扩散控制转变,此时水层中甲烷浓度梯度更加明显,甲烷浓度的分布受到气-液界面形状的影响,在水合物表面,水层厚度越厚的位置(四角位置),甲烷浓度越高,分解速率越慢,这种不均匀的浓度分布导致了分解速率的不均匀,因而水合物剩余结构呈现弧形,有趋向于气-液界面形状变化的趋势。可以看出,当水合物分解过程处于不同的控制区间时,其分解速率及结构演化规律均呈现不同的规律,跨相传质过程对水合物分解行为的影响十分显著。

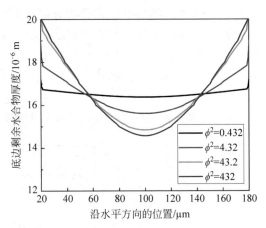

图 3.5　不同蒂勒模量条件下的水合物方腔底边剩余水合物厚度分布

(2) 含水饱和度的影响

在认识了传质和本征动力学的竞争机制后可以得出,当水合物分解过程处于扩散控制时,甲烷在水层输运的传质限制作用是影响水合物分解行为的重要因素。因而,本书针对扩散控制机制下水合物的分解过程,研究不同含水饱和度条件下的水合物分解行为,进而认识含水饱和度对水合物分解过程的影响规律。图 3.6 展示了蒂勒模量 $\phi^2 = 43.2$ 时,不同含水饱和度下水合物分解过程水层中甲烷浓度分布的演化情况。本书比较了四种含水饱和度: $S_w = 0.91, 0.82, 0.66$ 和 0.43。当含水饱和度较高时(如图 3.6(a), $S_w = 0.91$),由于水层的厚度较厚,甲烷很难从水合物表面向气-液界面输运,因而水合物表面累积的甲烷浓度更高,限制了水合物的分解速率,且由于水合物表面的甲烷浓度普遍较高,所有位置水合物的分解速率维持较慢的水平,因此最终剩余水合物结构形状比较平缓。当含水饱和度较低时(如

图 3.6(d)),水层厚度较薄,水合物分解产生的甲烷能够较容易地穿过水层进入气相,可以看到水合物表面靠近气-液界面的位置(边长中心处),甲烷的浓度保持较低的水平,这些位置的分解速率更快,因而最终剩余水合物结构形状更趋向于气-液界面的形状。同时,图 3.7 比较了四种含水饱和度条件下累积甲烷产出量的变化曲线,从曲线中可以看出,随着含水饱和度的增加,由于水层厚度增厚,水层中甲烷扩散引起的传质限制作用更加明显,因而分解速率较慢。可以得到,在扩散控制机制下,含水饱和度的升高会降低水合物的分解速率,水层厚度越厚,表观分解速率越慢。

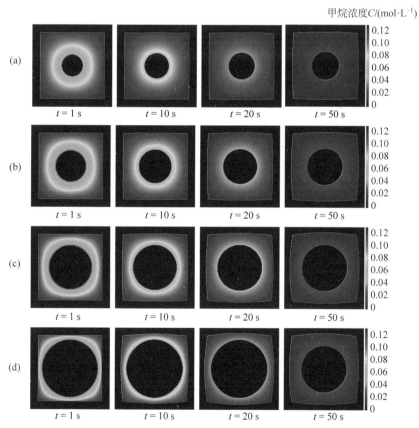

图 3.6　不同含水饱和度条件下水层中甲烷浓度分布随时间的变化

(a) $S_w=0.91$; (b) $S_w=0.82$; (c) $S_w=0.66$; (d) $S_w=0.43$

上述分析也可为宏观尺度实验现象的解释提供理论依据。在已有实验室尺度的研究中,有学者发现[186],随着分解过程的不断进行,分解速率明显下降,甚至下降了数个量级。该研究将这一现象归因于反应水合物表面积的减小。而在本书的研究中,随着分解的进行,水合物表面积的变化并不显著。如图 3.8 所示,在不同的含水饱和度条件下,水合物表面积并未减小而是升高,且水合物表面积的变化不超过 15%,说明了水合物表面积的变化并不能带来显著的表观分解速率的降低。基于本书的讨论,随着含水饱和度的增大,水层中传质限制作用更加显著,它才是造成水合物分解速率不断降低的关键机制,本书的研究为宏观实验现象的解释提供了更直观的认识。基于这一认识,本书将在后文中继续量化水层中的传质限制作用,为尺度升级研究提供理论依据。

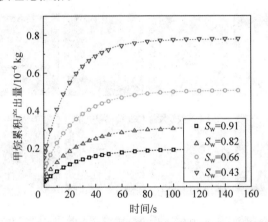

图 3.7   不同含水饱和度条件下甲烷累积产出量曲线

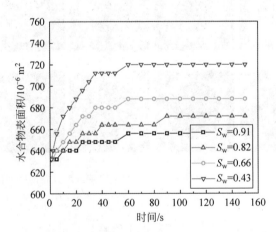

图 3.8   不同含水饱和度条件下水合物表面积变化曲线

（3）传热的影响

在讨论了传质和相态分布的影响后，本书将能量方程式(2.5)的求解添加到数值模拟中，考虑水合物分解反应吸热及多相系统中的共轭传热过程，分析传热对水合物分解行为的影响规律。在本书中，分别进行了两组蒂勒模量工况 $\phi^2 = 4.32$ 和 $\phi^2 = 43.2$ 的数值模拟，来讨论动力学控制和扩散控制两种控制机制对传热过程的影响。图 3.9 展示了两组数值模拟过程中水层甲烷浓度分布和温度分布的变化规律，其中温度场表示的是与初始温度 280.15 K 相比的温度变化值。从图 3.9(b) 和图 3.9(d) 可以看出，随着分解的进行，方腔内温度逐渐降低，最终气、液、固相重新到达温度平衡，平均降低了 4 K 的温度。虽然方腔全局的温度降低十分明显，但在水合物表面，无论是动力学控制还是扩散控制的分解过程，各个位置的温度差很小（小于 0.1 K），温度分布基本是均一的，局部温差可以忽略。因而可以得出，水合物表面局部分解速率的非均质性主要是由于传质限制作用导致的，传热导致的温度分布不均的影响可以忽略。由于分解过程中，各个相态间的局部温差较小，在孔隙结构内，可以认为温度的变化满足局部的热平衡，因而在 REV 尺度计算传热过程时可采用单温度模型[263] 计算温度变化，无需考虑 REV 网格内固相和流体间的换热，据此可简化计算模型。

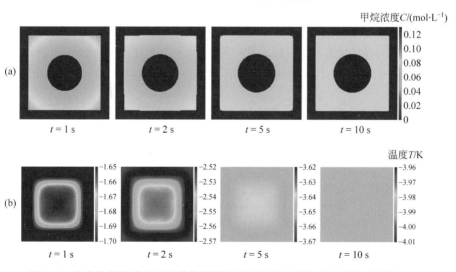

图 3.9 考虑传热影响时不同蒂勒模量条件下的浓度场与温度场随时间的变化

(a) $\phi^2 = 4.32$ 时水层中甲烷浓度场；(b) $\phi^2 = 4.32$ 时方腔内温度场；

(c) $\phi^2 = 43.2$ 时水层中甲烷浓度场；(d) $\phi^2 = 43.2$ 时方腔内温度场

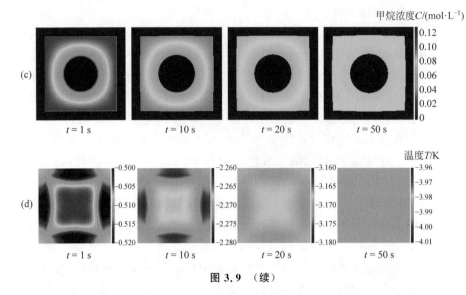

图 3.9 （续）

图 3.10 和图 3.11 比较了有、无传热作用的模拟中，水合物剩余结构厚度分布、甲烷气泡压力变化曲线及甲烷累积产出量曲线，来进一步分析传热的影响作用。从图 3.10 中可以得出，当考虑了传热的影响后，被分解的水合物减少，水合物剩余结构的厚度增加，但剩余水合物的形态仍维持动力学控制和扩散控制对应的形状。由图 3.11 可知，当考虑了传热的影响后，最终平衡压力从 5 MPa 降低至 3 MPa，甲烷的产量相比于不考虑传热影响的

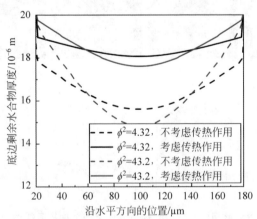

图 3.10　考虑传热作用与不考虑传热作用时水合物方腔
底边剩余水合物的厚度分布

情况也降低了约 50%,说明反应吸热导致的温度降低严重影响了水合物分解的平衡状态,进而影响了水合物分解的产量,这种由温度变化带来的影响被称为"传热限制作用"。因而,在现场开采过程中,传热的影响必须被认真考虑,同时需采取相应的措施缓解温度降低带来的影响。

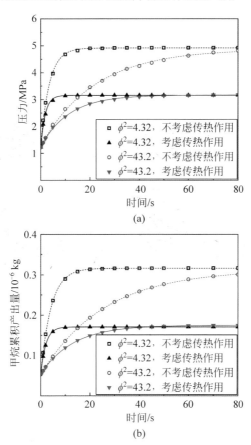

图 3.11　考虑传热作用与不考虑传热作用时

(a) 甲烷气泡压力变化曲线;(b) 甲烷累积产出量曲线

3.3.2　孔隙尺度水合物分解实验的数值模拟研究

在通过方腔水合物分解问题认识水合物分解过程的控制机制后,本书针对文献中水合物分解实验[161]进行数值模拟,如图 3.2 所示,研究真实孔隙结构中传热、传质和含水饱和度的影响。通过对比数值结果和实验结果中水合物结构的演化图景,可明确真实储层条件下水合物分解的实际控制机制。

　　首先,数值模拟选取了两组甲烷在水中的扩散系数来判断实际水合物分解过程的控制机制,特征长度取 $L=100\ \mu m$,扩散系数和蒂勒模量分别取 $D=1.0\times10^{-7}\ m^2/s$,$\phi^2=0.216$(动力学控制);$D=1.0\times10^{-9}\ m^2/s$,$\phi^2=21.6$(扩散控制)。为了明确实际水合物分解过程是何种控制机制,本书将水合物剩余固相结构作为评价指标,比较数值模拟和实验观察的结果,当水合物体积变化 12% 时,分解反应停止,对应的水合物剩余结构数值模拟结果如图 3.12 所示。从图中可以看出,$\phi^2=21.6$ 的数值模拟结果和显微 CT 图像获得的水合物剩余结构吻合得更好,即随着分解的进行,水合物表面的形状趋向气-液界面的形状变化,水层厚度越薄的位置水合物分解速率越快。

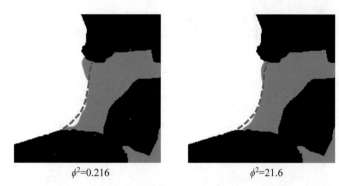

$\phi^2=0.216$　　　　　　$\phi^2=21.6$

图 3.12　水合物分解孔隙尺度实验与数值模拟结果中分解剩余水合物结构的对比(其中灰度图为数值结果,红色虚线为实验结果)

　　进一步地,本书对甲烷浓度场及温度场变化进行分析,如图 3.13 和图 3.14 所示。对于传质过程,与前文分析一致,当 $\phi^2=0.216$ 时(如图 3.13 所示),水层中甲烷的浓度基本保持均一,此时水层中甲烷扩散带来的传质限制作用可以忽略;而当 $\phi^2=21.6$ 时(如图 3.14),水层中甲烷浓度存在明显的梯度,水合物表面甲烷浓度较高,传质限制作用显著。在水合物分解实验过程中[161],研究人员观察到了水层中显微 CT 图像灰度呈梯度分布,并认为这一现象是由于传质限制作用引起的气体浓度梯度导致的,图 3.14 的模拟结果恰好证实了这一观点。当 $\phi^2=21.6$ 时,水合物结构演化数值结果与实验结果也更加吻合。从上述分析可以得出,在实际储层条件下,水合物分解过程是扩散控制的,甲烷在水层中的扩散是影响水合物分解行为特征的重要因素。基于这一认识,在评估水合物表观分解速率时,水层中传质限制作用必须考虑进来,这也为下文天然气水合物生产预测动力学模型的推导提供了理论基础。

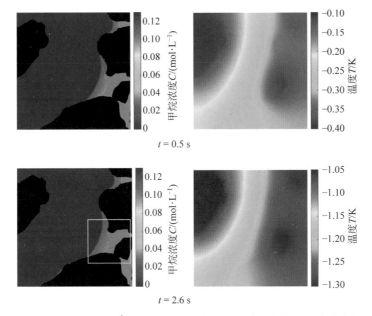

图 3.13　蒂勒模量 $\phi^2 = 0.216$ 时，水合物分解过程中水层甲烷浓度场
　　　　变化（左）及温度场变化（右）

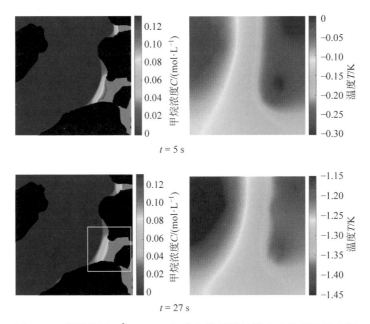

图 3.14　蒂勒模量 $\phi^2 = 21.6$ 时，水合物分解过程中水层甲烷浓度场
　　　　变化（左）及温度场变化（右）

对于传热过程,分析图 3.13 和图 3.14 的温度场变化可以发现,虽然水合物仅分解了 12%,但整个计算域的温度降低了 1.5 K 左右,说明反应吸热对分解过程的影响十分明显。同时可以发现,计算域内局部温差较小,最大温差仅 0.3 K,证明了分解过程中孔隙结构内固相和流体很容易达到热平衡,在 REV 尺度研究中可采用单温度模型计算传热过程,这与方腔水合物分解模拟得到的结论是一致的。

3.3.3 考虑传质限制作用的修正反应动力学模型

为了进一步认识传质限制作用的影响,我们将水合物表面分解反应的质量通量和水层中甲烷扩散的质量通量表征为

$$\text{MF}_{\text{CH}_4} = k_C(C_{\text{h}} - C_{\text{eq}}) = \frac{D}{\widetilde{L}}(C_{\text{wg}} - C_{\text{h}}) = k_{\text{total}}(C_{\text{wg}} - C_{\text{eq}}) \quad (3.2)$$

其中,$\widetilde{L}$ 表示水层的等效厚度,用来表征传质限制作用的大小;C_{h} 代表水合物表面甲烷的浓度;C_{wg} 代表气-液界面处甲烷的浓度;k_{total} 表示水合物分解的表观速率,基于式(3.2),本书提出了基于水层厚度修正的水合物分解反应动力学模型:

$$\frac{1}{k_{\text{total}}} = \frac{\widetilde{L}}{D} + \frac{1}{k_C} = \frac{1}{k_C}\left(\frac{\widetilde{L}}{L}\phi^2 + 1\right) = \frac{1}{k_C}(\phi_l^2 + 1) \quad (3.3)$$

其中,$\phi_l = \sqrt{k_C\widetilde{L}/D}$ 表示由等效水层厚度计算的局部蒂勒模量,这一关系式可以用来修正 REV 尺度模拟中表观分解速率的模型。当 $\phi_l^2 < O(1)$ 时,式(3.3)右端第一项可以忽略,此时 $k_{\text{total}} \approx k_C$,表观分解速度受本征动力学参数控制,分解过程属于动力学控制机制;当 $\phi_l^2 > O(10)$ 时,式(3.3)第二项可以忽略,此时 $k_{\text{total}} \approx D/\widetilde{L}$,表观分解速率由扩散系数决定,属于扩散控制机制。这与 3.3.1 节中的分析是一致的。为了获得进一步的认识,本书对方腔水合物分解过程甲烷累积产出量曲线进行拟合:

$$m_{\text{CH}_4} = a\exp(-t/t_0) + b \quad (3.4)$$

进而可以获得水合物表观分解速率:

$$\frac{\text{d}m_{\text{CH}_4}}{\text{d}t} = -\frac{a}{t_0}\exp(-t/t_0) = \frac{1}{t_0}(b - m_{\text{CH}_4}) \quad (3.5)$$

其中,$1/t_0$ 与水合物表观分解速率有关;b 可以表示最终平衡状态下甲烷

的累积产出量,对于 3.3.1 节中不同的蒂勒模量工况,对应的拟合参数如表 3.3 所示。$1/t_0$ 与表观分解速率的关系可表示为

$$\frac{1}{t_0} \simeq \Pi \cdot k_{\text{total}} \tag{3.6}$$

其中,Π 为综合考虑水合物分解表面积与甲烷相对分子质量的系数。在前文的研究中已经提到,方腔水合物分解过程中,水合物表面积的变化不明显,因而 $1/t_0$ 与 k_{total} 近乎为线性关系,可以得到:

$$t_0 = \frac{1}{\Pi k_{\text{total}}} = \frac{1}{\Pi k_C}\left(\frac{\widetilde{L}}{L}\phi^2 + 1\right) = p\phi^2 + q \tag{3.7}$$

其中,$p = \widetilde{L}/(\Pi k_C L)$；$q = 1/(\Pi k_C)$。为了验证 t_0 与 ϕ^2 的线性关系,本书对不同 ϕ^2 条件下的拟合参数 t_0 进行线性拟合,如图 3.15 所示,拟合结果表现出良好的线性关系。利用线性拟合所得到的 p、q 值,可以计算等效水层厚度 $\widetilde{L} = pL/q = 0.65 \times 10^{-4}$ m,这一厚度值与数值模型中水层实际的几何平均厚度是相当的,说明上述基于等效水层厚度表征传质限制作用对水合物分解速率的影响是合理的。

针对不同含水饱和度的甲烷累积产出量曲线,可以同样利用上述方法获得等效水层厚度,其结果如表 3.4 所示。随着含水饱和度的增加,水层的等效厚度也随之增大,进而局部蒂勒模量 ϕ_l 增大,根据式(3.3),水合物表观分解速率减小,这与前文对含水饱和度影响的分析是一致的。在考虑传热的影响后,由于分解过程中温度变化不是十分剧烈,上述分析同样适用。对 3.3.1 节中考虑传热影响的数值结果进行拟合,最终得到等效水层厚度为 $\widetilde{L} = 0.62 \times 10^{-4}$ m,与不考虑传热影响得到的 $\widetilde{L} = 0.65 \times 10^{-4}$ m 基本一致,说明上述分析在考虑传热的影响时也是适用的。

表 3.3　不同蒂勒模量条件下甲烷累积产出量曲线拟合结果

ϕ^2	t_0/s	$a/10^{-6}$ kg	$b/10^{-6}$ kg
0.432	1.837	−0.259	0.314
4.32	4.210	−0.265	0.316
43.2	25.800	−0.262	0.314
432	24.375	−0.263	0.316

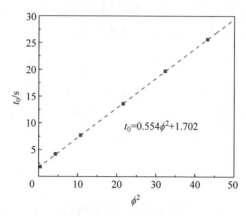

图 3.15　拟合参数 t_0 与蒂勒模量平方 ϕ^2 的线性拟合直线

表 3.4　不同含水饱和度条件下计算的等效水层厚度

初始含水饱和度 S_w	0.43	0.66	0.82	0.91
等效水层厚度计算值 $\tilde{L}$	25.44	36.78	65.10	88.07

　　由 3.3.2 节的分析可知,储层实际条件下,水合物分解过程是由扩散控制的,传质限制作用显著影响了表观分解速率,因而在 REV 尺度数值模拟中需要根据式(3.3),通过计算水层几何平均厚度对表观反应速率进行修正,从而考虑含水饱和度的影响。为了验证反应速率修正模型式(3.3)的准确性,本书针对不同水层厚度条件,即低含水饱和度(Case A)、中含水饱和度(Case B)、高含水饱和度(Case C)条件,对实际储层中水合物分解过程进行数值模拟,蒂勒模量取 $\phi^2 = 21.6$,以保证水合物分解过程为扩散控制。图 3.16 展示了水合物分解结束时(水合物分解 12%)对应的气-液分布及剩余水合物结构。在研究过程中,本书计算了初始时刻和最终时刻水合物表面上每一个点到气-液界面的欧几里得距离,通过取平均值作为每组工况的等效水层厚度,其结果如表 3.5 所示。从图 3.16 可以发现,随着水层厚度的增厚,水合物分解量达到 12% 需要更长的时间,这说明水层中的传质限制作用显著影响了水合物的分解速率。同时可以发现,最终剩余水合物的固相结构基本一致,说明在这些工况下,水合物表面积的变化对水合物分解速率的影响不明显。

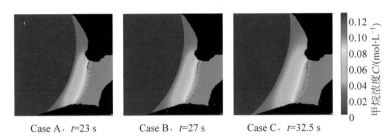

Case A，t=23 s　　Case B，t=27 s　　Case C，t=32.5 s

图 3.16　三种含水饱和度条件下分解最终阶段水合物剩余结构及水层中甲烷浓度分布

表 3.5　三种不同含水饱和度条件下计算的水层几何厚度值

工　　况	初始水层厚度（10^{-6} m）	最终水层厚度（10^{-6} m）	平均值（10^{-6} m）
Case A	30.52	37.72	34.12
Case B	34.65	43.51	39.08
Case C	47.31	55.62	51.47

　　为了验证式（3.3）的预测效果，首先对中含水饱和度工况（Case B）下甲烷累积生成量曲线进行拟合，获得拟合参数 t_{0B}，接着利用表 3.5 计算的等效水层厚度，计算其余两组工况下的预测参数：

$$\frac{t_{0i}}{t_{0B}} \simeq \frac{k_{\text{total},B}}{k_{\text{total},i}} = \frac{(\phi_l^2 + 1)_i}{(\phi_l^2 + 1)_B}，\quad i = A，C \tag{3.8}$$

其他预测参数 a_i 和 b_i 采用与 Case B 拟合结果相同的值，如表 3.6 所示。利用式（3.4）计算 Case A 和 Case C 的预测甲烷累积生成量曲线，如图 3.17 所示。预测结果与数值模拟结果基本一致，说明基于式（3.3）利用等效水层平均厚度修正表观反应速率的方法是有效的。这一修正模型既可以保证当含水饱和度较小时，表观分解速率趋近于本征分解动力学；又可以在含水饱和度较高的情况下，考虑传质限制作用对水合物表观分解速率的影响。这一修正反应速率模型可以应用在 REV 尺度模拟中：首先，计算每个位置的含水饱和度；其次，利用含水饱和度和多孔介质水合物表面积计算平均水层厚度作为等效水层厚度；最后，利用式（3.3）获得修正的分解速率，模拟水合物生产过程。这一修正方法可以有效提高 REV 尺度模拟进行生产预测的可靠性。

表 3.6　Case B 甲烷累积产出量拟合曲线的拟合参数及 Case A 和 Case C 的
甲烷累积产出量预测曲线的计算参数

参　　数	t_0/s	$a/10^{-6}$ kg	$b/10^{-6}$ kg
Case B 的拟合曲线参数	34.871	−0.200	0.198
Case A 的预测曲线参数	30.914	−0.200	0.198
Case C 的预测曲线参数	44.756	−0.200	0.198

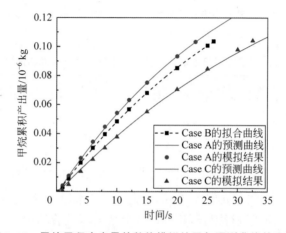

图 3.17　甲烷累积产出量的数值模拟结果与预测曲线的比较

3.4　本 章 小 结

本章采用基于格子玻尔兹曼的多场耦合数值模型,针对封闭体系水合物分解过程进行数值模拟,计算了含气泡方腔内水合物降压分解过程及水合物降压分解孔隙尺度实验过程,分析了跨相传质、共轭传热及气水分布对水合物分解过程的影响规律。主要结论如下:

(1) 通过对含气泡方腔内水合物降压分解过程的数值模拟研究,区分了影响水合物分解行为的控制区间,即动力学控制($\phi^2 < O(1)$)和扩散控制($\phi^2 > O(10)$)。当水合物分解处于扩散控制区间时,由于传质限制作用,导致甲烷在水合物表面的富集,降低了水合物表观分解速率;同时随着分解的进行,水合物表面的形状会趋向于气-液界面形状。

(2) 随着含水饱和度的增加,水层中的扩散限制作用更加明显,水合物表观分解速率进一步降低。水合物表面积的变化并不是影响水合物分解速率的主导因素,水中传质限制作用的影响更加显著。

（3）在水合物分解过程中,反应吸热导致的温度降低十分显著,这一温度变化引起的传热限制作用对水合物分解最终达到的平衡条件及最终甲烷气体的产量起到了重要的影响。同时,模拟结果发现水合物分解过程中孔隙结构内局部温差并不明显,因而 REV 尺度模拟传热过程时可采用单温度模型。

（4）通过模拟水合物降压分解孔隙尺度实验,明确了天然气水合物实际分解过程的控制区间为扩散控制,指出了甲烷在水中扩散的传质限制作用是影响水合物分解速率的主导因素。

（5）基于实际储层条件下水合物分解为扩散控制的这一认识,本书提出了基于等效水层厚度修正的表观反应动力学模型,从而将水层传质限制作用引入到 REV 尺度生产预测数值模拟中。同时,通过模拟不同水层厚度条件下的水合物分解过程,证明了本书提出的修正动力学模型能够获得准确可靠的生产预测结果。

第4章 跨相传质 CST-LB 模型的建立与验证

4.1 引 论

　　第3章通过对封闭体系内水合物降压分解过程进行数值模拟,认识了水合物分解过程中跨相传质、共轭传热和气水分布的控制机制;而在实际水合物开采工程应用中,储层中的流体是时刻流动的(如 CO_2/N_2 驱替过程),气、水的运移规律对水合物分解过程具有十分重要的影响。因而本章希望针对开放体系中考虑气水运移的水合物分解过程进行孔隙尺度数值研究,进而认识多相流动过程对水合物分解的影响规律。要实现开放体系水合物分解过程多场耦合的数值模拟,关键问题是气水迁移过程中的甲烷跨相传质的计算。由于第2章所提出的跨相传质的数值模型需要在每一个时间步捕捉界面位置,这种处理方式无法适用于界面形状变化较快的开放体系,因而需要提出更合适的数值模型来实现开放体系中跨相传质的数值模拟。同时,该模型还需要保证在固相表面处能够准确实现非均相反应边界条件的处理,来计算水合物表面处的分解反应。对于开放系统跨相传质的数值模拟,已有学者提出了相关的格子玻尔兹曼数值模型[189],然而这一模型不易与伪势多相模型结合,且计算高亨利系数跨相传质问题时准确性不高,不适用于本书的研究。因而,本章将传统计算流体力学方法中计算跨相传质的数值模型:连续组分输运(continuum species transport,CST)模型,引入格子玻尔兹曼方法中,提出新的跨相传质数值模型:CST-LB 模型,来计算开放体系中的跨相传质问题。同时,针对固相表面的非均相反应,本章将提出针对 CST-LB 模型的边界条件处理格式,并提出新的多组分伪势模型润湿边界条件处理格式,以提升多相流动在固体表面附近的准确性,进而提高非均相反应计算的准确性。本章所提出的 CST-LB 模型及边界条件处理格式能够解决开放体系中多相传质及反应流动问题,为研究气水运移对水合物分解行为的影响奠定基础。

4.2　跨相传质 CST-LB 数值模型

连续组分输运模型由 Haroun 等提出[264]，用于传统体积分数法（volume of fluid，VOF）求解多相流动时计算跨相传质问题，在保证组分守恒的前提下实现相界面处的浓度阶跃，目前已得到广泛的应用[187,265-268]。其核心思想是在传统对流扩散方程中引入相分数相关的源项：

$$
\begin{cases}
\dfrac{\partial C}{\partial t} + \nabla \cdot (\boldsymbol{u}C) = \nabla \cdot (D(\nabla C + \Phi_{\text{CST}})) \\[2mm]
\Phi_{\text{CST}} = -\dfrac{C(H-1)}{Hx_{\text{A}} + (1-x_{\text{A}})} \nabla x_{\text{A}}
\end{cases}
\tag{4.1}
$$

其中，Φ_{CST} 为 CST 源项，用于计算相界面处的浓度阶跃；x_{A} 表示流体 A 的相分数；H 为组分 m 在流体 A 和流体 B 之间的亨利系数；$C_{\text{A}} = HC_{\text{B}}$；总体浓度 C 和有效扩散系数 D 可以通过流体 A 和流体 B 中的物理量进行计算：

$$
\begin{cases}
C = x_{\text{A}}C_{\text{A}} + (1-x_{\text{A}})C_{\text{B}} \\[2mm]
D = \dfrac{D_{\text{A}}D_{\text{B}}}{x_{\text{A}}D_{\text{A}} + (1-x_{\text{A}})D_{\text{B}}}
\end{cases}
\tag{4.2}
$$

其中，D_{A} 和 D_{B} 表示组分 m 在流体 A 和流体 B 中各自的扩散系数。受到上述 CST 模型的启发，本书将这一思路引入格子玻尔兹曼方法的传质模型式(2.37)中，通过在碰撞过程中引入相分数相关源项实现跨相传质问题的计算，即 CST-LB 模型。采用 D2Q5 离散速度模型时，其演化方程为[269]

$$
\begin{cases}
g_\alpha(\boldsymbol{x} + \boldsymbol{e}_\alpha \Delta t, t + \Delta t) - g_\alpha(\boldsymbol{x}, t) = -\dfrac{1}{\tau_D}[g_\alpha(\boldsymbol{x}, t) - g_\alpha^{\text{eq}}(\boldsymbol{x}, t)] + \Omega_{\text{CST},\alpha} \\[3mm]
\Omega_{\text{CST},\alpha} = \left(1 - \dfrac{1}{2\tau_D}\right) J_\alpha C \dfrac{H-1}{Hx_{\text{A}} + (1-x_{\text{A}})}(\boldsymbol{e}_\alpha \cdot \nabla x_{\text{A}})\Delta t
\end{cases}
$$

$$
\tag{4.3}
$$

其中 g_α、g_α^{eq} 与 τ_D 的定义与 2.3.2 节中式(2.38)～式(2.40)相同，其值可由总体浓度 C 和有效扩散系数 D 进行计算；$\Omega_{\text{CST},\alpha}$ 为 CST 碰撞源项，用来计算相界面处的浓度阶跃。要计算 $\Omega_{\text{CST},\alpha}$ 的值，需要计算流体的相分数，本书考虑到运用多组分伪势模型计算多相流动过程，针对相分数做出如下定义：

$$x_A = \frac{\varphi_A}{\varphi_A + \varphi_B} \tag{4.4}$$

其中，φ_A 和 φ_B 为流体 A 和流体 B 的伪势，其定义见式(2.34)，相分数的梯度可由式(4.5)计算：

$$\nabla x_A = \frac{1}{c_s^2 \Delta t} \sum_{\alpha = 0 \sim 8} w_\alpha x_A (x + e_\alpha \Delta t) e_\alpha \tag{4.5}$$

其中，w_α 为权重系数，与式(2.19)中 w 的定义一致。之所以采用伪势而非流体密度定义相分数，是因为其在数值实验中表现更好。上述 CST-LB 模型同样可与其他多相 LB 模型结合，只需在多相模型中计算相分数，代入式(4.3)中即可，如颜色模型利用颜色梯度表示相分数，相场模型利用有序参量定义相分数等。因而，本书提出的 CST-LB 跨相传质模型与 LB 多相模型有良好的兼容性。

接下来，本书针对 CST-LB 模型进行查普曼-恩斯库格展开，从数学角度证明 CST-LB 模型的正确性。首先，对浓度分布函数、CST 碰撞源项、空间离散、时间离散做摄动展开[190]，展开为 ε 幂级数的形式：

$$\begin{cases} g_\alpha = g_\alpha^{(0)} + \varepsilon g_\alpha^{(1)} + \varepsilon^2 g_\alpha^{(2)} + \cdots \\ \Omega_{CST,\alpha} = \Omega_{CST,\alpha}^{(0)} + \varepsilon \Omega_{CST,\alpha}^{(1)} + \varepsilon^2 \Omega_{CST,\alpha}^{(2)} + \cdots \\ \dfrac{\partial}{\partial t} = \varepsilon \dfrac{\partial}{\partial t_1} + \varepsilon^2 \dfrac{\partial}{\partial t_2}, \nabla = \varepsilon \nabla_1 \end{cases} \tag{4.6}$$

进而，通过 g_α^{eq} 和 $\Omega_{CST,\alpha}$ 的定义，可以得到其零阶矩、一阶矩、二阶矩为

$$\begin{cases} \sum_\alpha g_\alpha^{eq} = C, \\ \sum_\alpha e_\alpha g_\alpha^{eq} = Cu, \\ \sum_\alpha e_{\alpha i} e_{\alpha j} g_\alpha^{eq} = \dfrac{1}{2}(1 - J_0) C \delta_{ij}, \\ \sum_\alpha \Omega_{CST,\alpha} = 0, \\ \sum_\alpha e_\alpha \Omega_{CST,\alpha} = \dfrac{\Delta t}{2}(1 - J_0)\left(1 - \dfrac{1}{2\tau_D}\right) C \dfrac{H - 1}{Hx_A + (1 - x_A)} \nabla x_A, \\ \sum_\alpha e_{\alpha i} e_{\alpha j} \Omega_{CST,\alpha} = 0 \end{cases} \tag{4.7}$$

通过对式(4.3)进行泰勒展开可得：

$$\Delta t\left(\frac{\partial}{\partial t}+\boldsymbol{e}_\alpha\cdot\nabla\right)g_\alpha+\frac{\Delta t^2}{2}\left(\frac{\partial}{\partial t}+\boldsymbol{e}_\alpha\cdot\nabla\right)^2 g_\alpha+\frac{1}{\tau_D}(g_\alpha-g_\alpha^{\mathrm{eq}})$$

$$=\Omega_{\mathrm{CST},\alpha}+O(\Delta t^3) \tag{4.8}$$

将式(4.6)代入式(4.8)中,比较 ε 各个幂次的系数,可以推导出:

$$\varepsilon^0:\ \Omega_{\mathrm{CST},\alpha}^{(0)}=\frac{1}{\tau_D\Delta t}(g_\alpha^{(0)}-g_\alpha^{\mathrm{eq}})=0 \tag{4.9}$$

$$\varepsilon^1:\ \left(\frac{\partial}{\partial t_1}+\boldsymbol{e}_\alpha\cdot\nabla_1\right)g_\alpha^{(0)}+\frac{1}{\tau_D\Delta t}g_\alpha^{(1)}-\frac{1}{\Delta t}\Omega_{\mathrm{CST},\alpha}^{(1)}=0 \tag{4.10}$$

$$\varepsilon^2:\ \frac{\partial}{\partial t_2}g_\alpha^{(0)}+\left(\frac{\partial}{\partial t_1}+\boldsymbol{e}_\alpha\cdot\nabla_1\right)g_\alpha^{(1)}+\frac{\Delta t}{2}\left(\frac{\partial}{\partial t_1}+\boldsymbol{e}_\alpha\cdot\nabla_1\right)^2 g_\alpha^{(0)}+$$

$$\frac{1}{\tau_D\Delta t}g_\alpha^{(2)}-\frac{1}{\Delta t}\Omega_{\mathrm{CST},\alpha}^{(2)}=0 \tag{4.11}$$

将式(4.10)代入到式(4.11)中,可以得出:

$$\varepsilon^2:\ \frac{\partial}{\partial t_2}g_\alpha^{(0)}+\left(1-\frac{1}{2\tau_D}\right)\left(\frac{\partial}{\partial t_1}+\boldsymbol{e}_\alpha\cdot\nabla_1\right)g_\alpha^{(1)}+$$

$$\frac{1}{\tau_D\Delta t}g_\alpha^{(2)}+\frac{1}{2}\left(\frac{\partial}{\partial t_1}+\boldsymbol{e}_\alpha\cdot\nabla_1\right)\Omega_{\mathrm{CST},\alpha}^{(1)}-\frac{1}{\Delta t}\Omega_{\mathrm{CST},\alpha}^{(2)}=0 \tag{4.12}$$

对式(4.10)分别求零阶矩和一阶矩,可以得到:

$$\frac{\partial C}{\partial t_1}+\nabla_1\cdot(C\boldsymbol{u})=0 \tag{4.13}$$

$$\frac{\partial(C\boldsymbol{u})}{\partial t_1}+\frac{1}{2}(1-J_0)\nabla_1 C=-\frac{1}{\tau_D\Delta t}\left(\sum_\alpha\boldsymbol{e}_\alpha g_\alpha^{(1)}\right)+\frac{1}{\Delta t}\left(\sum_\alpha\boldsymbol{e}_\alpha\Omega_{\mathrm{CST},\alpha}^{(1)}\right)$$

$$\tag{4.14}$$

对式(4.12)求零阶矩可得:

$$\frac{\partial C}{\partial t_2}+\nabla_1\cdot\left[\left(1-\frac{1}{2\tau_D}\right)\sum_\alpha\boldsymbol{e}_\alpha g_\alpha^{(1)}\right]+\frac{1}{2}\nabla_1\cdot\left(\sum_\alpha\boldsymbol{e}_\alpha\Omega_{\mathrm{CST},\alpha}^{(1)}\right)=0$$

$$\tag{4.15}$$

将式(4.14)代入到式(4.15)中:

$$\frac{\partial C}{\partial t_2}-\nabla_1\cdot\left[\frac{\Delta t}{2}(1-J_0)\left(\tau_D-\frac{1}{2}\right)\nabla_1 C\right]+\nabla_1\cdot\left(\tau_D\sum_\alpha\boldsymbol{e}_\alpha\Omega_{\mathrm{CST},\alpha}^{(1)}\right)$$

$$=\nabla_1\cdot\left[\Delta t\left(\tau_D-\frac{1}{2}\right)\frac{\partial(C\boldsymbol{u})}{\partial t_1}\right] \tag{4.16}$$

结合式(4.13)和式(4.16),可以推导出:

$$\frac{\partial C}{\partial t} + \nabla \cdot (C\boldsymbol{u}) = \nabla\left(D\nabla C - C\frac{D(H-1)}{Hx_A + (1-x_A)}\nabla x_A\right) + \mathrm{Er}$$

$$(4.17)$$

其中系数 D 为

$$D = \frac{1}{2}(1 - J_0)(\tau_D - 0.5)\frac{\Delta x^2}{\Delta t}$$

$$(4.18)$$

这里附加的误差项

$$\mathrm{Er} = \nabla_1 \cdot \left[\Delta t\left(\tau_D - \frac{1}{2}\right)\frac{\partial(C\boldsymbol{u})}{\partial t_1}\right]$$

$$(4.19)$$

为 D2Q5 传质模型所固有,不影响实际数值应用的效果,已有工作对该误差进行研究[270],本书不再深入讨论。可以看到,式(4.17)正是包含 CST 源项的对流扩散方程式(4.1)的形式,证明了本书提出的 CST-LB 模型具有理论依据,能够有效计算跨相传质问题。

4.3　CST-LB 模型的验证

本节将采用多组分伪势模型与 CST-LB 模型相结合,计算跨相传质典型问题,进而验证本书所提出的 CST-LB 模型的准确性,计算流程如图 4.1 所示。首先求解多组分伪势模型,获得相分数分布及速度场分布,利用获得的相分数由式(4.2)计算有效扩散系数 D,由式(4.3)计算 CST 碰撞源项 $\Omega_{\mathrm{CST},\alpha}$,进而求解跨相传质 CST-LB 模型。研究对象包括:①相界面处的浓度阶跃;②封闭区域内的气体溶解;③毛细管驱替过程的组分输运;④多孔介质多相传质问题。

4.3.1　相界面处的浓度阶跃数值模拟

本节首先通过计算静态相界面处的浓度阶跃来验证数值模型的准确性,研究物理问题如图 4.2 所示。组分 m 可以溶解在流体 A 和流体 B 中,其浓度满足亨利定律 $C_A = HC_B$,本节问题中亨利系数取 $H = 2.0$。初始时刻,流体 A 中的浓度 $C_{A0} = 0.0 \text{ mol/L}$,流体 B 中的浓度 $C_{B0} = 1.0 \text{ mol/L}$,此时流体 B 中的组分 m 会向流体 A 中扩散,同时保证界面两侧浓度满足亨利定律。在本节数值模拟研究中,多相流动采用 2.3.1 节介绍的伪势模型进行计算,流体密度设为 $\rho_A = \rho_B = 1.0 \times 10^3 \text{ kg/m}^3$,流体黏度 $\upsilon_A = \upsilon_B = 1.0 \times 10^{-3} \text{ m}^2/\text{s}$,组分 m 在两种流体中的扩散系数 $D_A = D_B = 1.0 \times 10^{-4} \text{ m}^2/\text{s}$,整个计算域网格

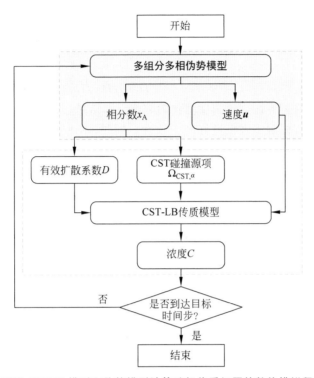

图 4.1　利用 CST-LB 模型和伪势模型计算跨相传质问题的数值模拟程序流程图

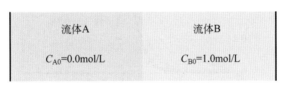

图 4.2　相界面处的浓度阶跃问题的计算域示意图

大小为 1200×100，其中单位格子长度 $\Delta x = 1.0 \times 10^{-5}$ m，时间步长 $\Delta t = 1.0 \times 10^{-7}$ s，计算域左右两侧为无质量通量的壁面，上下两侧设置为周期性边界条件。

在跨相传质过程初期，由于两侧壁面距离较远，浓度的变化主要发生在相界面附近，没有传播到两侧壁面上，此时两侧壁面可认为无限远，对应相界面附近的浓度梯度有解析解[271]：

$$C(x) = \begin{cases} \beta_0 \operatorname{erf}(\eta_B/2) + \beta_1, & x \geqslant 0 \text{（流体 A）} \\ \gamma_0 \operatorname{erf}(\eta_A/2) + \gamma_1, & x < 0 \text{（流体 B）} \end{cases} \qquad (4.20)$$

其中，$\eta_A = \dfrac{x}{\sqrt{D_A t}}$；$\eta_B = \dfrac{x}{\sqrt{D_B t}}$；$\beta_0 = \dfrac{H C_{B0} - C_{A0}}{H + \sqrt{D_A/D_B}}$；$\beta_1 = \dfrac{\sqrt{D_A/D_B}\, C_{B0} + C_{A0}}{H + \sqrt{D_A/D_B}}$；

$\gamma_0 = \sqrt{\dfrac{D_A}{D_B}}\,\dfrac{H C_{B0} - C_{A0}}{H + \sqrt{D_A/D_B}}$；$\gamma_1 = H\,\dfrac{\sqrt{D_A/D_B}\, C_{B0} + C_{A0}}{H + \sqrt{D_A/D_B}}$。图 4.3 展示了初始阶段不同时刻界面附近浓度变化的数值计算结果，并与解析解做了比较，数值结果与解析解表现出良好的一致性。同时，本书计算了不同时刻数值结果与解析解的相对误差，如表 4.1 所示，平均相对误差仅 5%，证明了本书提出的 CST-LB 模型在计算跨相传质问题时的准确性。

表 4.1　相界面处的浓度阶跃问题不同时刻数值结果与解析解的相对误差

时间/ms	相对误差/%	时间/ms	相对误差/%
0.1	5.94	0.5	3.62
0.2	4.47	1.0	3.09

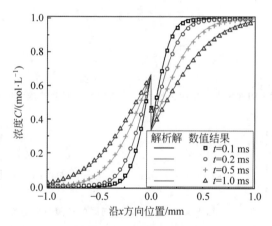

图 4.3　相界面处的浓度阶跃问题相界面附近浓度
分布数值结果与解析解的对比

4.3.2　封闭区域内气体溶解数值模拟

在 4.3.1 节的研究中，流体 A 和流体 B 的密度比为 1，本节将模拟气体在水中的溶解过程，以验证本书提出的数值模型在计算大密度比多相系统中跨相传质问题的准确性，具体物理问题如图 4.4 所示。

在一个无限长的封闭区域内，存在着气（g）、水（w）两种流体，初始时

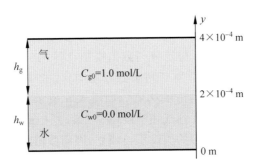

图 4.4　封闭区域内气体溶解问题的计算域示意图

刻,气相中包含可溶于水的组分 m,其浓度为 $C_{g0} = 1.0$ mol/L,组分 m 在气、水两相中的浓度满足亨利定律 $C_w = HC_g$,初始时刻水中不含有该组分(水中初始浓度 $C_{w0} = 0.0$ mol/L)。之后,气相中的组分 m 开始向水中溶解,气相中浓度 C_g 降低,水相中浓度 C_w 升高,直至达到平衡。在模拟过程中,气相密度 $\rho_g = 12.5$ kg/m^3,水相密度 $\rho_w = 1000$ kg/m^3,组分 m 在气相中的扩散系数 $D_g = 1.0 \times 10^{-5}$ m^2/s,在水相中的扩散系数 $D_w = 1.0 \times 10^{-9}$ m^2/s。模拟过程中选取了从 0.01 到 100 不同的亨利系数来做比较,以验证本书提出的 CST-LB 模型在不同亨利系数条件下的适用性。整个封闭区域的高度为 $h = 4 \times 10^{-4}$ m,其中气相和水相的高度 h_g 和 h_w 各占 1/2,计算过程中网格大小为 10×400,单位格子长度 $\Delta x = 1.0 \times 10^{-6}$ m,时间步长 $\Delta t = 0.25 \times 10^{-6}$ s,计算域左右两侧为周期性边界条件,上下两侧为无质量通量的壁面。

　　由于本书中气相的扩散系数 D_g 远大于水相的扩散系数 D_w,可以认为气相中浓度是近似时刻均一的,因而可以用类似式(2.60)的解析式计算气相平均浓度随时间的变化:

$$
\begin{cases}
溶解初期: C(t) = e^{\Pi^2 t}\left[1 + \mathrm{erf}(-\Pi\sqrt{t})\right], \quad \Pi = H\dfrac{h_w}{h_g} \\[2mm]
溶解后期: C(t) = \displaystyle\sum_{n=0}^{\infty} a_n e^{-p_n t}, \qquad\qquad \tan(p_n) = -\dfrac{p_n}{\Pi} \\[2mm]
a_n = \begin{cases}
\dfrac{1}{1+\Pi} & n = 0, \\[2mm]
\dfrac{2\Pi}{\Pi^2 + \Pi + p_n^2} & n \geqslant 1
\end{cases}
\end{cases}
\tag{4.21}
$$

图 4.5 展示了气相平均浓度随时间变化的数值结果,并与解析解做了比较。从图中可以看到,当亨利系数不高时,数值结果和解析解是十分吻合的;而当亨利系数较高时,初始时刻数值模拟计算的气相平均浓度与解析解有一定的偏离,这是由于当亨利系数较高时,气相中的浓度并未时刻均一,在初始阶段存在较大的浓度梯度。如图 4.6 所示为亨利系数 $H=100$ 时的浓度变化情况,可以看到气相浓度($y>2\times10^{-4}$ m)在初始时刻有较大的浓度梯度,此时式(4.21)的假设不再成立,因而数值结果与解析解存在一定偏差;而随着溶解的进行,气相浓度逐渐达到均一,数值解与解析解的吻合情况得到了改善。

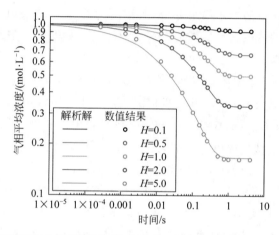

图 4.5　封闭区域气体溶解过程气相平均浓度变化的数值结果与解析解的比较

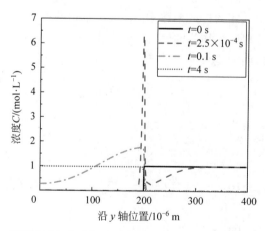

图 4.6　封闭区域气体溶解过程 $H=100$ 时不同时刻浓度分布曲线

尽管在高亨利系数条件下无法获得准确的解析解来计算相对误差,但最终平衡状态下水相和气相中浓度之比 C_w/C_g 可作为判据,与亨利系数设定值作比较,计算相对误差来评估 CST-LB 模型的准确性。表 4.2 列出了不同亨利系数设定条件下数值模拟过程中最终时刻水、气相浓度比的结果及其与亨利系数设定值的相对偏差。对于亨利系数较小的工况,相对误差不超过 5%,这一误差主要来源于通过式(4.4)利用伪势计算相分数时,水相和气相中的相分数无法完全计算为 0 或 1,因而在计算总体浓度时存在一定偏差。当亨利系数 $H=100$ 时,数值计算的相对误差也仅有 11.54%,而文献[189]基于麦克斯韦-斯特藩方程的跨相传质模型计算 $H=100$ 的工况时,得到的浓度比为 190,偏差很大,本书提出的 CST-LB 模型能够有效提高大亨利系数条件下的计算准确性。上述数值实验研究说明,本书提出的模型在计算大密度比多相体系中的跨相传质问题时仍能保证良好的准确性,且在不同亨利系数的条件下都能保持良好的数值性能。

表 4.2　不同亨利系数设定值下的水、气相浓度比计算结果及二者的相对误差

亨利系数设定值	水、气相浓度比	相对误差
0.01	0.0101	0.70%
0.1	0.0953	4.68%
1	1.0000	0.00%
2	1.9907	0.46%
10	10.6133	6.13%
100	111.5446	11.54%

4.3.3　毛细管驱替过程组分输运数值模拟

在验证了 CST-LB 模型求解封闭区域内跨相传质问题的准确性后,本节通过模拟毛细管驱替过程的组分输运验证 CST-LB 模型在计算开放体系中考虑对流作用时的跨相传质问题的准确性。具体物理问题为在一根 1 mm×0.1 mm 的毛细管中,初始时刻充满了润湿相的流体 A,且流体 A 中不含有任何组分,在毛细管的入口处有一非润湿相的流体 B 流入,并携带有浓度为 $C=0.1$ mol/L 的组分 m,该组分可同时溶解于流体 A 和流体 B,且相界面处浓度满足亨利定律 $C_A=HC_B$。随着流体 B 的注入,毛细管内的流体 A 被驱替,同时流体 B 中的组分 m 通过跨相传质进入流体 A 中。在模拟过程中,流体浓度和黏度分别设置为 $\rho_A=\rho_B=1000$ kg/m³,$\upsilon_A=3.75\times$

10^{-6} m^2/s,$v_B = 0.375 \times 10^{-6}$ m^2/s;界面张力 $\sigma = 8 \times 10^{-5}$ kg/s^2;组分 m 在流体 A 和流体 B 中的扩散系数分别为 $D_A = D_B = 6.25 \times 10^{-8}$ m^2/s;亨利系数 $H = 0.7$,网格大小为 400×40,对应单位格子长度 $\Delta x = 2.5 \times 10^{-6}$ m,时间步长 $\Delta t = 1.0 \times 10^{-5}$ s,毛细管上下两侧为无质量通量的壁面边界条件,进出口为压力边界条件,压差为 $\Delta p = 0.5$ Pa。

图 4.7 展示了不同时刻毛细管中组分 m 浓度分布的数值计算结果,同时图 4.8 比较了不同时刻毛细管中轴线上的浓度分布情况。从图中可以得到,随着驱替过程的进行,由于相界面处的跨相传质,流体 B 中的组分浓度不断降低,流体 A 中的组分浓度不断升高,浓度分布变化曲线与文献中利用 VOF 方法与 CST 方法结合获得的结果[271]是一致的,且亨利定律所规定的浓度阶跃的位置与相界面的位置始终是一致的,说明即使相界面发生明显的形状和位置变化,本书提出的 CST-LB 模型仍能准确地描述跨相传质问题,对于 2.3.2 节仅适用于封闭体系的跨相传质模型有了明显的改进。

图 4.7　毛细管驱替过程中组分浓度分布随时间的变化

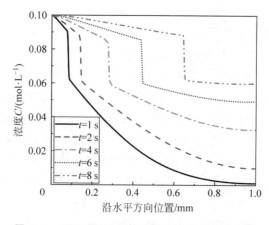

图 4.8　不同时刻毛细管中轴线上浓度分布曲线

4.3.4 多孔介质多相传质问题数值模拟

在验证了 CST-LB 模型计算开放体系跨相传质问题的准确性后,本节针对开放体系多孔介质多相传质问题进行研究,证明 CST-LB 模型在解决复杂问题过程中具有良好的数值性能。研究对象如图 4.9 所示,整个计算域网格大小为 1200×300,单位格子长度 $\Delta x = 1.0 \times 10^{-6}$ m,时间步长 $\Delta t = 1.0 \times 10^{-6}$ s,多孔介质的孔隙度 $\phi_{por} = 0.58$,绝对渗透率 $K = 27.67 \times 10^{-12}$ m^2。对于多孔介质多相传质问题,本书分别模拟了两个典型的地下工程场景:①盐水驱替过程;②气体溶解过程。对于盐水驱替过程,初始时刻,多孔介质中充满润湿相的流体 A;之后,非润湿相的流体 B 从多孔介质左侧进口处注入,并携带有浓度为 $C = 1.0$ mol/L 的盐分,该盐分仅溶解于流体 B 而无法进入流体 A,即对应亨利系数 $H = 0.0$。在模拟过程中,流体 A 和流体 B 的密度和黏度分别设置为 $\rho_A = \rho_B = 1000$ kg/m^3,$\upsilon_A = 6.0 \times 10^{-6}$ m^2/s,$\upsilon_B = 0.6 \times 10^{-6}$ m^2/s;界面张力 $\sigma = 4.8 \times 10^{-4}$ kg/s^2;盐分在流体 B 中的扩散系数 $D_B = 1.0 \times 10^{-6}$ m^2/s;模拟过程中亨利系数取接近于零的小量($H = 10^{-6}$)保证计算的数值稳定性。多孔介质两侧进出口为压力边界条件,对应驱动流体流动的达西速度 $U = 3.0 \times 10^{-4}$ m/s,进而得到毛细数:

$$\mathrm{Ca} = \rho_B U \upsilon_B / \sigma = 3.75 \times 10^{-4} \tag{4.22}$$

图 4.9　多孔介质多相传质问题采用的计算域结构

图 4.10 展示了盐水驱替过程浓度场变化的数值结果,随着流体 B 的注入,流体 A 逐渐被驱替,而盐分始终保留在流体 B 中,而未能通过跨相传质进入流体 A 中。这一数值应用可以证明,本书提出的 CST-LB 模型在计算复杂多孔介质结构中的跨相传质问题时,当亨利系数设定值比较极端时,模型仍具有良好的数值性能。

接下来,本书利用 CST-LB 模型研究开放体系多孔介质中的气体溶解问题。初始阶段,多孔介质中充满了纯净水(w),水中未溶解任何组分;之后,气体(g)从多孔介质左侧进口处流入,并携带有浓度为 $C = 1.0$ mol/L 的气相组分 m,该组分可溶解于水中,其在相界面处的浓度满足亨利定律

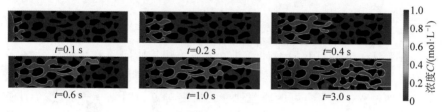

图 4.10 盐水驱替过程盐分浓度场随时间变化规律（图中白色实线代表相界面，后同）

$C_w = HC_g$，亨利系数 $H = 0.5$。在模拟过程中，气、水的密度和黏度分别为 $\rho_g = 12.5\ \mathrm{kg/m^3}$，$\rho_w = 1000\ \mathrm{kg/m^3}$，$\upsilon_g = \upsilon_w = 1.0 \times 10^{-6}\ \mathrm{m^2/s}$，界面张力 $\sigma = 2.6 \times 10^{-5}\ \mathrm{kg/s^2}$。组分 m 在气相中的扩散系数 $D_g = 1.0 \times 10^{-6}\ \mathrm{m^2/s}$，在水中的扩散系数 $D_w = 1.0 \times 10^{-7}\ \mathrm{m^2/s}$；多孔介质进出口为压力边界条件，出口处的边界条件设置采用 Hou 等[272]提出的方法，计算过程中佩克莱数 $Pe = UL/D_g = 0.10$，特征长度 $L = 100\ \mu\mathrm{m}$，毛细数 $Ca = \rho_g U \upsilon_g / \sigma = 4.81 \times 10^{-4}$。

图 4.11 展示了组分 m 的浓度场随时间的变化。从图 4.11 中可以看出，随着气相的流入，由于相界面处的跨相传质，水相中靠近相界面处的浓度首先开始升高，再缓慢向其他位置扩散，如 $t = 0.05\ \mathrm{s}$ 和 $t = 0.10\ \mathrm{s}$ 的情况。随着气相的不断注入，驱替过程出现指进的情况，气体优先通过孔隙结构较宽的区域形成优势通道。由于相界面向前推进，水相中下游处靠近相界面的位置也发生了跨相传质，气相中的组分进入水相中并通过扩散传输到其他位置，如 $t = 0.25\ \mathrm{s}$ 和 $t = 0.30\ \mathrm{s}$ 的情况。而在靠近入口的上游，由于跨相传质作用，水中的浓度不断升高，最终与气相浓度达到平衡，因而上游区域水相和气相中的浓度都维持了较高的水平，并不断向下游输运。

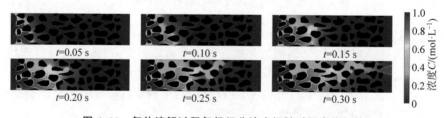

图 4.11 气体溶解过程气相组分浓度场随时间变化规律

接下来，本书将多孔介质区域视作表征单元体积（REV），对跨相传质过程进行尺度升级研究。首先图 4.12 展示了气体溶解过程中，水相和气相中的平均组分浓度 $\bar{C}_w$ 和 $\bar{C}_g$ 随时间的变化情况。随着气体溶解过程的不断进行,水相中浓度逐渐升高,气相中浓度逐渐降低,这与 REV 尺度模拟跨相传质温度所得到的初步结论是一致的。为了进一步量化气、水间的跨相传质速率,本书将计算组分 m 在气、水相间的跨相传质系数 k,其定义为

$$\Gamma = k(H\overline{C}_g - \overline{C}_w) \tag{4.23}$$

其中,Γ 表示单位界面面积上的质量通量。对于 CST-LB 模型,每个位置上的局部跨相传质质量通量可以用式(4.24)计算:

$$\dot{m} = D(\nabla C + \Phi_{CST}) \cdot \nabla x_A \tag{4.24}$$

通过对全场进行积分,可得单位界面面积上的质量通量[187]:

$$\Gamma = \frac{\int \dot{m}\, d\Omega}{\int |\nabla x_A|\, d\Omega} \tag{4.25}$$

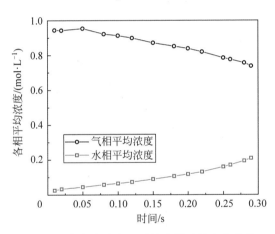

图 4.12　气相和水相平均浓度随时间变化曲线

图 4.13(a)展示了单位界面面积上的质量通量 Γ 与相间浓度差 $H\overline{C}_g - \overline{C}_w$ 随时间的变化关系。随着溶解过程的进行,气、水相中组分 m 的相间浓度差不断缩小,单位界面面积上的质量通量在初始阶段出现了短暂的上升,随后由于相间浓度差的减小而逐渐降低。图 4.13(b)为 Γ 与 $H\overline{C}_g - \overline{C}_w$ 的变化关系曲线,从曲线上可以看出,当气体溶解过程进行到 $t = 0.20$ s 之后,质量通量 Γ 与浓度差 $H\overline{C}_g - \overline{C}_w$ 呈式(4.23)所表示的线性关系,通过线性拟合可以得到跨相传质系数 $k = 0.84 \times 10^{-3}$ m/s。上述研究说明本书提出的 CST-LB 模型能够精确模拟复杂结构中的跨相传质问题,能够为尺度升级研究提供有效的手段。

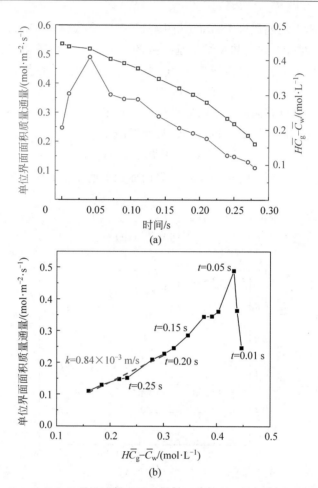

图 4.13   单位界面面积上的质量通量 $\varGamma$ 与相间浓度差 $H\bar{C}_{\mathrm{g}}-\bar{C}_{\mathrm{w}}$ 的数值模拟结果

(a) $\varGamma$ 与 $H\bar{C}_{\mathrm{g}}-\bar{C}_{\mathrm{w}}$ 随时间变化曲线；(b) $\varGamma$ 与 $H\bar{C}_{\mathrm{g}}-\bar{C}_{\mathrm{w}}$ 的关系曲线

4.4   非均相反应边界格式及改进的润湿边界格式

由于水合物分解过程还涉及非均相分解反应的计算，因而需要在跨相传质模型的基础上提出合适的非均相反应边界条件处理格式。本节将基于 CST-LB 传质模型提出非均相反应边界处理格式，在求解跨相传质问题的同时计算非均相反应过程。同时，针对多组分伪势模型提出改进的润湿边界处理格式，提高壁面附近相分数计算的准确性，进而提高非均相反应边界处理的准确性。

4.4.1　CST-LB 非均相反应边界处理格式

在自然和工程应用过程中，一般的非均相化学反应可以表示为

$$a_1 R_1(\mathrm{f}) + a_2 R_2(\mathrm{s}) + \cdots = b_1 P_1(\mathrm{f}) + b_2 P_2(\mathrm{s}) + \cdots \quad (4.26)$$

其中(f)表示该组分为流体中的溶质,(s)表示该组分为参加反应的固相。在多相体系中,非均相化学反应速率可由固相表面的反应物浓度和相分数计算:

$$r(\boldsymbol{x} + 0.5\boldsymbol{e}_\alpha \Delta t) = \sum_\sigma r_\sigma (x_\sigma(\boldsymbol{x} + 0.5\boldsymbol{e}_\alpha \Delta t), C^\sigma(\boldsymbol{x} + 0.5\boldsymbol{e}_\alpha \Delta t))$$

$$(4.27)$$

其中,下标 σ 表示 σ 相的物理量。以流体 A 和流体 B 的两相流动系统为例,组分 R_1 可同时溶解于流体 A 和流体 B 中,并且参与非均相反应:

$$R_1(\mathrm{f}) + R_2(\mathrm{s}) = P_1(\mathrm{f}) \quad (4.28)$$

若该反应的反应级数是一阶的,则反应速率可表示为

$$r(\boldsymbol{x} + 0.5\boldsymbol{e}_\alpha \Delta t) = x_\mathrm{A} k_\mathrm{A}(C_{R_1}^\mathrm{A} - C_{\mathrm{eq},R_1}^\mathrm{A}) +$$

$$(1 - x_\mathrm{A}) k_\mathrm{B}(C_{R_1}^\mathrm{B} - C_{\mathrm{eq},R_1}^\mathrm{B})\Big|_{\boldsymbol{x}+0.5\boldsymbol{e}_\alpha \Delta t} \quad (4.29)$$

其中, k 和 C_{eq} 表示 R_1 参与反应的反应动力学参数和平衡浓度。其他更高阶的反应速率模型也可用类似的方式计算,对于 CST-LB 传质模型,由总体浓度 C_{R_1} 的定义式(4.2)可得,流体 A 和流体 B 各相中的组分浓度分别为

$$\begin{cases} C_{R_1}^\mathrm{A} = HC_{R_1}/(Hx_\mathrm{A} + 1 - x_\mathrm{A}) \\ C_{R_1}^\mathrm{B} = C_{R_1}/(Hx_\mathrm{A} + 1 - x_\mathrm{A}) \end{cases} \quad (4.30)$$

通过计算式(4.29)和式(4.30),可以获得固相表面上的非均相反应速率,对于 CST-LB 模型,非均相反应边界条件处理的核心就是将上述反应速率引入到壁面处位置浓度分布函数的求解中。本书采用 Wet-Node 格式的边界条件处理方式,其示意图如图 4.14 所示,要推导边界格式,首先定义碰撞后浓度分布函数 g_α^* :

$$g_\alpha^*(\boldsymbol{x}, t) = g_\alpha(\boldsymbol{x}, t) - \frac{1}{\tau_D}[g_\alpha(\boldsymbol{x}, t) - g_\alpha^{\mathrm{eq}}(\boldsymbol{x}, t)] + \Omega_{\mathrm{CST},\alpha} \quad (4.31)$$

基于上文中查普曼-恩斯库格展开,由式(4.9)与式(4.10)可以估算 g_α 的一阶摄动解:

$$g_\alpha = g_\alpha^{(0)} + \varepsilon g_\alpha^{(1)} = (1 - \tau_D \Delta t \boldsymbol{e}_\alpha \cdot \nabla) g_\alpha^{\mathrm{eq}} +$$

$$\tau_D \Omega_{\mathrm{CST},\alpha} + \tau_D \Delta t \cdot \varepsilon \frac{\partial g_\alpha^{\mathrm{eq}}}{\partial t_1} \quad (4.32)$$

同时,碰撞后浓度分布函数可以计算为

$$g_\alpha^* = (1 + (1 - \tau_D)\Delta t e_\alpha \cdot \nabla)g_\alpha^{eq} +$$

$$\tau_D \Omega_{\text{CST},\alpha} + \tau_D \Delta t \cdot \varepsilon \frac{\partial g_\alpha^{eq}}{\partial t_1} \quad (4.33)$$

定义通量值 N:

$$N = e_{\bar{\alpha}} g_{\bar{\alpha}}^*(x + e_\alpha \Delta t, t) + e_\alpha g_\alpha^*(x, t)$$

$$= e_{\bar{\alpha}}(1 + (1 - \tau_D)\Delta t e_{\bar{\alpha}} \cdot \nabla)g_{\bar{\alpha}}^{eq}(x + e_\alpha \Delta t, t) +$$

$$e_\alpha(1 + (1 - \tau_D)\Delta t e_\alpha \cdot \nabla)g_\alpha^{eq}(x, t) +$$

$$e_{\bar{\alpha}}\left(\tau_D \Omega_{\text{CST},\bar{\alpha}}(x + e_\alpha \Delta t, t) + \tau_D \Delta t \cdot \varepsilon \frac{\partial g_{\bar{\alpha}}^{eq}(x + e_\alpha \Delta t, t)}{\partial t_1}\right) +$$

$$e_\alpha\left(\tau_D \Omega_{\text{CST},\alpha}(x, t) + \tau_D \Delta t \cdot \varepsilon \frac{\partial g_\alpha^{eq}(x, t)}{\partial t_1}\right) \quad (4.34)$$

其中 α 和 $\bar{\alpha}$ 表示一组相反方向的离散速度分量。对 $g_{\bar{\alpha}}^{eq}(x + e_i \Delta t, t)$ 与 $g_\alpha^{eq}(x, t)$ 在 $x + 0.5 e_\alpha \Delta t$ 处进行泰勒展开,可得:

$$g_{\bar{\alpha}}^{eq}(x + e_\alpha \Delta t, t) = \frac{1 - J_0}{4}C(x + e_\alpha \Delta t, t) + \frac{1}{2}e_{\bar{\alpha}}Cu(x + e_\alpha \Delta t, t)$$

$$= \frac{1 - J_0}{4}\left(C\left(x + \frac{1}{2}e_\alpha \Delta t, t\right) + \right.$$

$$\frac{1}{2}e_\alpha \Delta t \nabla C\left(x + \frac{1}{2}e_\alpha \Delta t, t\right)\right) +$$

$$\frac{1}{2}e_{\bar{\alpha}}\left(Cu\left(x + \frac{1}{2}e_\alpha \Delta t, t\right) + \right.$$

$$\left.\frac{1}{2}e_\alpha \Delta t \nabla\left(Cu\left(x + \frac{1}{2}e_\alpha \Delta t, t\right)\right)\right) + O(\Delta x^2) \quad (4.35)$$

$$g_\alpha^{eq}(x, t) = \frac{1 - J_0}{4}C(x, t) + \frac{1}{2}e_\alpha Cu(x, t)$$

$$= \frac{1 - J_0}{4}\left(C\left(x + \frac{1}{2}e_\alpha \Delta t, t\right) - \frac{1}{2}e_\alpha \Delta t \nabla C\left(x + \frac{1}{2}e_\alpha \Delta t, t\right)\right) +$$

$$\frac{1}{2}e_\alpha\left(Cu\left(x + \frac{1}{2}e_\alpha \Delta t, t\right) - \frac{1}{2}e_\alpha \Delta t \nabla\left(Cu\left(x + \frac{1}{2}e_\alpha \Delta t, t\right)\right)\right) +$$

$$O(\Delta x^2)$$

$$(4.36)$$

将式(4.35)与式(4.36)代入式(4.34)可得：

$$N = e_{-\alpha} g_{\bar{\alpha}}^{*}(x + e_{\alpha}\Delta t, t) + e_{\alpha} g_{\alpha}^{*}(x, t)$$

$$= \left[Cu\left(x + \frac{1}{2}e_{\alpha}\Delta t, t\right) - \frac{\Delta t}{2}\left(\tau_{D} - \frac{1}{2}\right)(1 - J_{0})\nabla C\left(x + \frac{1}{2}e_{\alpha}\Delta t, t\right) \right]\Big|_{n} +$$

$$\tau_{D}\left(e_{-\alpha}\Omega_{\mathrm{CST}, \bar{\alpha}}\left(x + \frac{1}{2}e_{\alpha}\Delta t, t\right) + e_{\alpha}\Omega_{\mathrm{CST}, \alpha}\left(x + \frac{1}{2}e_{\alpha}\Delta t, t\right)\right) + O(\Delta x^{2})$$

$$= \left[Cu - D\nabla C + C\frac{D(H-1)}{Hx_{A} + (1 - x_{A})}\nabla x_{A} \right]_{x + 0.5e_{\alpha}\Delta t}\Big|_{n} + O(\Delta x^{2}) \quad (4.37)$$

式(4.37)最右端为 $x + 0.5e_{\alpha}\Delta t$ 处的组分质量通量,当此处发生非均相化学反应时,化学反应通量应为组分的质量通量,即：

$$\left[Cu - D\nabla C + C\frac{D(H-1)}{Hx_{A} + (1 - x_{A})}\nabla x_{A} \right]_{x + 0.5e_{\alpha}\Delta t} = r(x + 0.5e_{\alpha}\Delta t)n$$

$$(4.38)$$

其中 n 为壁面法向量。由式(4.37)和式(4.38)可得 CST-LB 传质模型的非均相反应边界格式：

$$e_{\alpha} g_{\alpha}^{*}(x, t) = r(x + 0.5e_{\alpha}\Delta t)n - e_{-\alpha} g_{\bar{\alpha}}^{*}(x + e_{\alpha}\Delta t, t) \quad (4.39)$$

其中,$g_{\alpha}^{*}(x, t)$ 为待求的碰撞后浓度分布函数(如图 4.14 中的 g_{2}^{*}),之后直接参与迁移过程。在本书中,计算反应速率 $r(x + 0.5e_{\alpha}\Delta t)$ 所需要的浓度 $C_{R_{1}}(x + 0.5e_{\alpha}\Delta t)$ 和相分数 $x_{A}(x + 0.5e_{\alpha}\Delta t)$ 直接选取相邻流体格子处 $x + e_{\alpha}\Delta t$ 上的值,这样处理算法比较简单,但精度较低,适用于非均相反应不剧烈的情况。若需要更高精度的边界处理格式,可通过有限差分的方法求解 $x + 0.5e_{\alpha}\Delta t$ 处的浓度和相分数值[233],再进行边界条件格式的运算,这样处理更加精确,但会增加算法的复杂度。

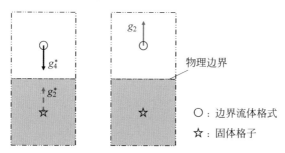

图 4.14　非均相化学反应边界条件处理格式示意图

由上述分析可知,固相表面附近的相分数 $x_{A}(x + 0.5e_{\alpha}\Delta t)$ 是求解多相体系中非均相反应速率 $r(x + 0.5e_{\alpha}\Delta t)$ 的重要参数,因而在多组分伪势模型中,准确计算壁面附近的相分数是十分必要的,这就需要更合理的润湿性边界处理格式。接下来将对多组分伪势模型的润湿性边界处理格式进行讨论和改进,以在固相表面附近获得更准确的相分数,进而提高非均相反应边界条件计算的准确性。

4.4.2　多组分伪势模型润湿性边界格式的改进

由于伪势模型是基于粒子间的相互作用力来实现相分离的[199],因而其在固体壁面处实现不同润湿性(接触角大小的调节)的关键,是计算壁面附近流体格子所受到的粒子间作用力,传统的伪势模型润湿性边界格式为固体-流体相互作用力格式[223-225]:

$$\boldsymbol{F}_{\sigma s} = -G_{\sigma s}\varphi_{\sigma}(\boldsymbol{x})\sum_{\alpha}w(\mid \boldsymbol{e}_{\alpha}\mid^{2})\varphi_{s}(\boldsymbol{x}+\boldsymbol{e}_{\alpha})\boldsymbol{e}_{\alpha} \tag{4.40}$$

其中,$\boldsymbol{F}_{\sigma s}$ 为各相流体与固相格子间的相互作用力;φ_{s} 为识别固相格子的指示函数,当该格子为固体时 $\varphi_{s}=1$,当该格子为流体时 $\varphi_{s}=0$;通过调节流体与固体间的相互作用力系数 $G_{\sigma s}$,可以实现不同的接触角。

另一种传统的伪势模型润湿性边界格式为全局虚拟密度格式,其核心思想是在计算域内所有固相格子处,为每一相流体设置相同的虚拟密度 $\rho_{s\sigma}$,在计算流体与固相格子间的相互作用力时,将固相格子视为虚拟的“流体格子”,利用式(2.29)和式(2.34)计算固相格子处的伪势 $\psi_{s\sigma}$ 和 $\varphi_{s\sigma}$,通过调节虚拟密度 $\rho_{s\sigma}$ 的值来调节接触角的大小。

根据 Li 等[208]的研究,上述两种传统的润湿性边界格式在计算大密度比多相流动时会在固相表面带来明显的虚假速度及非物理的传质层,进而导致壁面附近的相分数计算不准确。本书受到 Li 等[208]对单组分伪势模型润湿性边界格式改进的启发,提出了针对大密度比、多组分伪势模型的局部平均虚拟密度格式实现接触角的调节,其核心思想是在每个壁面处的固相格子上计算当地的局部平均虚拟密度:

$$\rho_{s\sigma}(\boldsymbol{x})$$
$$= \begin{cases} \max(\rho_{\sigma,\min},\min(\rho_{\sigma,\max},\lambda_{\sigma}\rho_{\sigma,\text{ave}}(\boldsymbol{x}))) & \lambda_{\sigma}\geqslant 1,\sigma \text{ 为润湿相时} \\ \max(\rho_{\sigma,\min},\min(\rho_{\sigma,\max},\rho_{\sigma,\text{ave}}(\boldsymbol{x})-\Delta\rho_{\sigma})) & \Delta\rho_{\sigma}\geqslant 0,\sigma \text{ 为非润湿相时} \end{cases} \tag{4.41}$$

其中 $\rho_{\sigma,\text{ave}}(\boldsymbol{x})$ 通过对固相格子相邻的流体格子中的密度做平均获得:

$$\rho_{\sigma,\text{ave}}(\boldsymbol{x}) = \frac{\sum\limits_{\alpha}w(\mid \boldsymbol{e}_{\alpha}\mid^{2})\rho_{\sigma}(\boldsymbol{x}+\boldsymbol{e}_{\alpha}\Delta t)(1-\varphi_{s}(\boldsymbol{x}+\boldsymbol{e}_{\alpha}\Delta t))}{\sum\limits_{\alpha}w(\mid \boldsymbol{e}_{\alpha}\mid^{2})(1-\varphi_{s}(\boldsymbol{x}+\boldsymbol{e}_{\alpha}\Delta t))} \tag{4.42}$$

$\rho_{\sigma,\min}$ 和 $\rho_{\sigma,\max}$ 是规定的虚拟密度取值的下限和上限,通过调节参数 λ_σ 和 $\Delta\rho_\sigma$ 可以实现不同接触角的调节:当通过调节 $\lambda_\sigma \geqslant 1$ 使 $\rho_{s\sigma}$ 增大时,壁面对 σ 相更具有亲水性,对应的接触角 θ 更小;当通过调节 $\Delta\rho_\sigma \geqslant 0$ 使 $\rho_{s\sigma}$ 减小时,壁面对 σ 相更具有疏水性,对应的接触角 θ 更大。对于 $\bar{\sigma}$ 相,需要用同样的处理方式计算局部平均虚拟密度 $\rho_{s\bar{\sigma}}$,通过上述方法调节各相的局部平均虚拟密度可以实现不同接触角的调节。下文中本书将会讨论局部平均虚拟密度格式与传统格式处理润湿边界的数值性能,同时结合非均相反应边界处理的计算,说明采用本书提出的局部平均虚拟密度格式计算壁面附近相分数对于准确模拟非均相反应过程的必要性。

4.5　多相体系中非均相反应数值模拟的比较研究

针对本书提出的 CST-LB 非均相反应边界处理格式及伪势模型局部平均虚拟密度润湿性边界处理格式,本书进行了一系列的案例计算,以验证数值模型的准确性和可靠性,包括:①考虑非均相反应的一维多相传质问题,通过数值结果与解析解的比较,验证本书提出的非均相反应模型及壁面润湿边界格式的准确性;②有液滴覆盖的圆柱体溶解问题,用于证明本书提出的数值模型在处理固相演化问题时的可靠性;③毛细管驱替过程的反应传质问题,通过比较数值结果与开源软件计算结果,验证本书提出的模型在计算考虑对流作用的跨相传质及非均相反应问题时的准确性;④多孔介质中的多相溶解问题,证明本书提出的数值模型能够解决复杂多孔介质中的跨相传质及非均相反应问题。同时,本书也采用固体-流体相互作用力格式以及全局虚拟密度格式处理伪势模型的润湿性边界,结合 CST-LB 模型计算非均相化学反应,并与采用局部平均虚拟密度模型的算例进行比较,证明采用本书提出的局部平均虚拟密度模型处理润湿性边界的必要性。

4.5.1　三种伪势模型润湿性边界格式的比较

在计算非均相化学反应前,本节首先针对纯多相流动问题进行研究,比较固体-流体相互作用力、全局虚拟密度以及局部平均虚拟密度三种润湿性边界格式的数值性能,研究物理问题为圆柱表面不同润湿性条件下的液滴形态。初始相态分布如图 4.15 所示,计算域网格大小为 200×200,单位格子长度为 $\Delta x = 1.0 \times 10^{-6}$m,时间步长为 $\Delta t = 1.0 \times 10^{-6}$ s,在计算域中心的偏下方(坐标 $100\ \mu m$,$75\ \mu m$)处,有一个直径 $80\ \mu m$ 的固相圆柱,其上覆盖着流体 A 的半圆环形液滴,液滴外径为 $120~\mu\mathrm{m}$。计算域左右两侧为周期性边界条件,上下两侧为壁面边界条件,采用 2.3.1 节提到的多组分伪势模型计算多相流动过程,其中液滴 A 同时受到组分内的相互吸引力 $F_{\mathrm{AA}}^{\mathrm{SC}}$ 以及组分间的相互排斥力 $F_{\mathrm{BA}}^{\mathrm{SC}}$;流体 B 被视为理想气体,仅受到组分间的相互排斥力 $F_{\mathrm{AB}}^{\mathrm{SC}}$。对于流体 A,其状态方程式(2.30)温度设为 $T_{\mathrm{EOS}}=0.85$,其他参数与 2.3.1 节相同,组分间相互作用力系数 $G_{\sigma\bar{\sigma}}=1.3$,利用式(2.34)计算伪势时,取 $\rho_{\mathrm{A0}}=6.33,\rho_{\mathrm{B0}}=0.70$。上述数值设定得到最终流体 A 和流体 B 的密度在格子单位下分别为 $\rho_{\mathrm{A}}=6.33,\rho_{\mathrm{B}}=0.70$,在物理单位下分别为 $\rho_{\mathrm{A}}=1050~\mathrm{kg/m^3},\rho_{\mathrm{B}}=116~\mathrm{kg/m^3}$,界面张力 $\sigma=6.0\times10^{-5}~\mathrm{kg/s^2}$,流体黏度 $\upsilon_{\mathrm{A}}=\upsilon_{\mathrm{B}}=1.0\times10^{-6}~\mathrm{m^2/s}$。

图 4.15　圆柱表面覆盖液滴问题初始时刻的相态分布

　　首先,本书对参数 λ_σ 和 $\Delta\rho_\sigma$ 在接触角调节中所起到的作用进行分析,通过设置不同的 λ_σ 和 $\Delta\rho_\sigma$ 的值,比较最终平衡状态时流体 A 液滴接触角的大小。模拟过程中,局部平均虚拟密度的上限和下限分别设置为 $\rho_{\mathrm{A,max}}=6.33,\rho_{\mathrm{B,max}}=0.70,\rho_{\mathrm{A,min}}=0.01,\rho_{\mathrm{B,min}}=0.001$。表 4.3 列出了不同参数设定下流体 A 接触角的值,从表中可以看出,通过调节流体 A 的参数 λ_{A} 和 $\Delta\rho_{\mathrm{A}}$ 相比于调节流体 B 的参数,能够获得更大范围的接触角,这是由于流体 A 组分同时参与了组分内和组分间的相互作用力计算,其对相态分布的影响程度更大。因而在本书中,主要通过调节 λ_{A} 和 $\Delta\rho_{\mathrm{A}}$ 来实现接触角的设置,λ_{B} 和 $\Delta\rho_{\mathrm{B}}$ 在接触角极大或极小的工况中作为微调的参数。

　　在明确了参数选择的规则后,本书首先利用局部平均虚拟密度格式计算了三种典型接触角的最终液滴形态,即大接触角 $\theta\approx124°$,中接触角 $\theta\approx85°$

以及小接触角 $\theta \approx 30°$，对应的参数设定及最终相分数分布的数值结果如图 4.16 所示。同时，本书还利用了传统的固体-流体相互作用力格式及全局虚拟密度格式计算了相似的接触角工况作为比较，如图 4.17 和图 4.18 所示。比较三种润湿边界处理格式的数值结果可以发现，采用固体-流体相互作用力格式及全局虚拟密度格式，当接触角较大时，会在流体 A 中出现明显的非物理的相分数层；当接触角较小时，会在流体 B 中出现非物理的相分数层，这种在固相表面出现的相分数计算的不准确性会在非均相反应速率计算过程中带来较大的误差。而采用局部平均虚拟密度格式时，无论接触角如何改变，流体 A 和流体 B 中都没有产生明显的非物理相分数层，说明这一润湿边界处理格式具有更好的数值性能。下文中，本书将对不同润湿边界格式下非均相反应的模拟过程进行比较研究，说明采用局部平均虚拟密度格式避免固相表面非物理相分数层的必要性。

表 4.3　局部平均虚拟密度格式不同调节参数设置及对应的接触角大小

调节参数设置	接触角 $\theta/(°)$
$\lambda_A = 1.0, \lambda_B = 1.0$	85
$\Delta\rho_A = 1.0, \lambda_B = 1.0$	121
$\Delta\rho_A = 2.0, \lambda_B = 1.0$	156
$\lambda_A = 1.5, \lambda_B = 1.0$	57
$\lambda_A = 2.5, \lambda_B = 1.0$	30
$\lambda_A = 1.0, \Delta\rho_B = 0.2$	82
$\lambda_A = 1.0, \Delta\rho_B = 0.5$	78
$\lambda_A = 1.0, \lambda_B = 2.5$	92
$\lambda_A = 1.0, \lambda_B = 4.0$	96

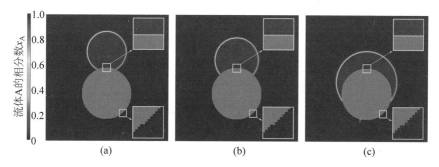

图 4.16　局部平均虚拟密度格式计算不同接触角条件下的相分数分布情况

(a) $\Delta\rho_A = 1.0, \lambda_B = 1.5$；(b) $\lambda_A = 1.0, \lambda_B = 1.0$；(c) $\lambda_A = 2.5, \lambda_B = 1.0$

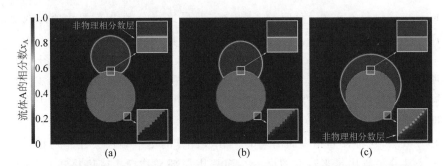

图 4.17　固体-流体相互作用力格式计算不同接触角条件下的相分数分布情况

(a) $G_{As}=-3.0, G_{Bs}=0.0, \theta\approx127°$；(b) $G_{As}=-4.5, G_{Bs}=0.5, \theta\approx81°$；(c) $G_{As}=-6.0, G_{Bs}=1.0, \theta\approx27°$

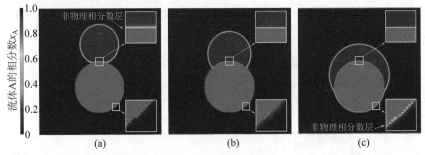

图 4.18　全局虚拟密度格式计算不同接触角条件下的相分数分布情况

(a) $\rho_{sA}=1.0, \rho_{sB}=0.5, \theta\approx134°$；(b) $\rho_{sA}=3.0, \rho_{sB}=0.3, \theta\approx86°$；(c) $\rho_{sA}=5.0, \rho_{sB}=0.1, \theta\approx26°$

4.5.2　考虑非均相反应的一维多相传质问题

本节针对一维非均相反应传质问题进行研究，并比较采用不同润湿边界处理格式时的数值计算结果，具体的物理问题如图 4.19 所示。计算域高度为 $2L=200\ \mu m$，组分 P_1 可同时溶解在两种不混溶的流体 A 和流体 B 中，其浓度满足亨利定律 $C_{P_1}^A=HC_{P_1}^B$，亨利系数 $H=0.5$。初始时刻，各相流体中不含有组分 P_1，$C_{0,P_1}^A=HC_{0,P_1}^B=0$ mol/L，在计算域的上下壁面发生非均相反应并生成组分 P_1，反应速率定义为

$$r=x_A k_A(C_{eq,P_1}^A-C_{P_1}^A)+(1-x_A)k_B(C_{eq,P_1}^B-C_{P_1}^B) \quad (4.43)$$

各相中动力学参数和平衡浓度设定为 $k_A=k_B=2.5\times10^{-4}$ m/s，$C_{eq,P_1}^B=1.0$ mol/L，$C_{eq,P_1}^A=HC_{eq,P_1}^B$；组分 P_1 在各相中的扩散系数设定为同一值 $D_A=D_B=5.0\times10^{-9}$ m²/s，这样的初始条件和物性参数设定可以保证相界面两侧浓度始终保持平衡状态，因而该物理问题存在解析解：

$$
\begin{cases}
C_{P_1}(y,t)=C_{\mathrm{eq},P_1}^{\mathrm{B}}+(C_{0,P_1}^{\mathrm{B}}-C_{\mathrm{eq},P_1}^{\mathrm{B}})\left(\sum_{n=1}^{\infty}\frac{2\sin\beta_n}{\beta_n+\sin\beta_n\cos\beta_n}\right)\cdot \\
\qquad \cos\left(\beta_n\frac{y}{L}\right)\exp\left(-\beta_n^2\frac{Dt}{L^2}\right), \quad y\geqslant 0 \\
C_{P_1}(y,t)=C_{\mathrm{eq},P_1}^{\mathrm{A}}+(C_{0,P_1}^{\mathrm{A}}-C_{\mathrm{eq},P_1}^{\mathrm{A}})\left(\sum_{n=1}^{\infty}\frac{2\sin\beta_n}{\beta_n+\sin\beta_n\cos\beta_n}\right)\cdot \\
\qquad \cos\left(\beta_n\frac{y}{L}\right)\exp\left(-\beta_n^2\frac{Dt}{L^2}\right), \quad y<0 \\
\beta_n=\tan\left(\frac{\beta_n}{Da}\right), Da=\frac{kL}{D}
\end{cases}
$$

$$(4.44)$$

在数值模拟中采用 CST-LB 模型计算多相传质过程,采用多组分伪势模型计算多相流动过程,多相流动的参数设定与 4.5.1 节一致,流体的密度和黏度分别为 $\rho_{\mathrm{A}}=1050\ \mathrm{kg/m^3}$,$\rho_{\mathrm{B}}=116\ \mathrm{kg/m^3}$,$\upsilon_{\mathrm{A}}=\upsilon_{\mathrm{B}}=1.0\times10^{-6}\ \mathrm{m^2/s}$,之后的数值案例研究也采用相同的参数设定。计算域网格大小为 5×200,单位格子长度 $\Delta x=10^{-6}\ \mathrm{m}$,时间步长 $\Delta t=10^{-6}\ \mathrm{s}$,计算域上下壁面设置为非均相化学反应边界条件,左右两侧采用周期性边界条件。在计算过程中,对上下壁面设置了不同的润湿性(4.5.1 节中大接触角、中接触角、小接触角的工况),三种润湿边界格式(固体-流体相互作用力格式、全局虚拟密度格式、局部平均虚拟密度格式)均参与数值模拟,以比较采用不同润湿边界格式时非均相化学反应边界处理的准确性。

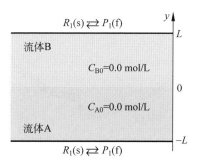

图 4.19　考虑非均相反应的一维多相传质问题计算域示意图

图 4.20 比较了 $t=0.5\ \mathrm{s}$ 时组分 P_1 浓度分布的数值结果与解析解。从图 4.20 中可以看出,对于大接触角和小接触角的工况,采用固体-流体相互作用力格式和全局虚拟密度格式计算时,在壁面附近浓度场出现了非物

理的突变,导致数值结果与解析解产生了较大的偏差,这种壁面附近的非物理现象来源于这两种传统润湿边界处理格式在固相表面产生的非物理相分数层。同时,壁面附近的不准确性也影响到了整个流场区域,导致全场数值结果与解析解存在较大偏差。

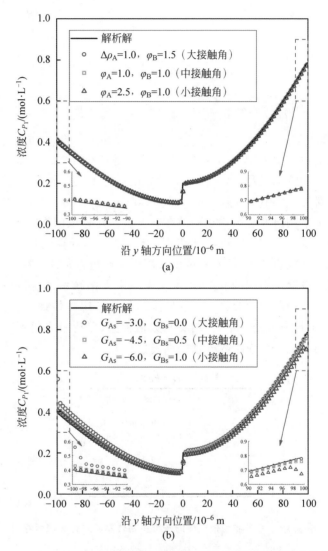

图 4.20 $t=0.5$ s 时,考虑非均相反应的一维多相传质问题浓度分布的数值结果与解析解的对比,亨利系数 $H=0.5$

(a) 局部平均虚拟密度格式;(b) 固体-流体相互作用力格式;(c) 全局虚拟密度格式

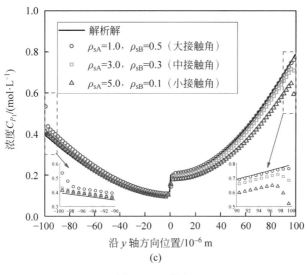

图 4.20 （续）

当采用局部平均虚拟密度格式时,由于避免了壁面附近的非物理相分数层,在任何接触角条件下数值计算得到的浓度差与解析解均吻合得较好,壁面附近的非均相化学反应的计算也比较准确。表 4.4 列出了采用三种润湿边界格式时浓度场计算结果与解析解的相对偏差,可以看到采用局部平均虚拟密度法时,浓度计算的相对偏差仅有 1%,准确性较高;而采用另两种传统润湿边界处理格式时相对偏差较大,某些工况的相对偏差超过了10%,准确性较差。

同时,本书模拟了不同亨利系数条件下的非均相反应传质过程,图 4.21比较了亨利系数 $H=0.2$ 时的数值结果与解析解,同时表 4.4 列出了数值结果与解析解的相对偏差。从图和表中可以看出,当 $H=0.2$ 时,采用传统的固体-流体相互作用力格式和全局虚拟密度格式,组分浓度计算的相对偏差进一步增大,甚至超过了 15%,数值计算的准确性较低;而采用局部平均虚拟密度格式时,数值计算仍保持较好的准确性,相对偏差不超过 2%。图 4.22 比较了大接触角工况下,设置不同亨利系数时,采用三种润湿边界格式的数值计算结果与解析解的相对偏差。当亨利系数很大或很小时,采用传统的两种润湿边界格式的数值结果与解析解相比产生了 20% 左右的相对偏差,数值结果不准确;而采用局部平均虚拟密度格式时,数值计算仍保持了良好的准确性,在亨利系数 $H=10$ 或 $H=0.1$ 时,相对误差仅有 5%。上述分析说明了在利用 CST-LB 模型与伪势模型计算多相体系中的非均相反应过程时,相比传统固体-液体相互作用力格式和全局虚拟密度格式,采用局部平均虚拟密度格式处理润湿边界条件能够有效提高数值模拟的计算准确性。

表 4.4　考虑非均相反应的一维多相传质问题浓度
分布的数值结果与解析解的相对偏差($t=0.5$ s)

工　况	局部平均虚拟密度格式		固体-流体相互作用力格式		全局虚拟密度格式	
	$H=0.5$	$H=0.2$	$H=0.5$	$H=0.2$	$H=0.5$	$H=0.2$
大接触角	0.96%	1.60%	6.27%	14.19%	5.85%	13.55%
中接触角	1.03%	1.55%	4.17%	5.97%	8.13%	15.55%
小接触角	0.94%	1.81%	8.54%	15.74%	13.90%	28.77%

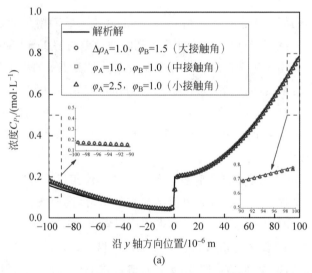

(a)

图 4.21　考虑非均相反应的一维多相传质问题浓度分布的数值
结果与解析解的对比($t=0.5$ s,亨利系数 $H=0.2$)

(a)局部平均虚拟密度格式;(b)固体-流体相互作用力格式;
(c)全局虚拟密度格式

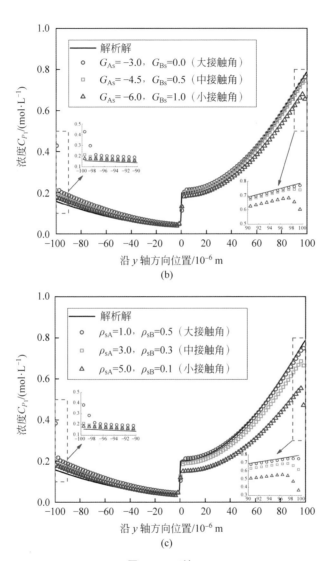

图 4.21 （续）

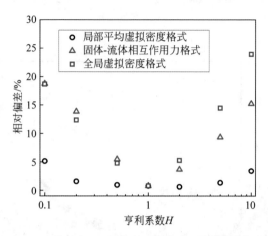

图 4.22　大接触角、不同亨利系数条件下，采用三种润湿边界格式的数值结果与解析解的相对偏差

4.5.3　有液滴覆盖的圆柱体溶解问题

在比较了采用不同润湿边界格式的计算准确性后，本节将固相演化过程考虑进来，模拟有液滴覆盖的圆柱体溶解问题。同时，本节对三种润湿边界格式都进行了模拟计算，来比较不同润湿格式在计算非均相反应及固相演化过程时的数值性能。初始时刻的计算域及相态分布采用图 4.16～图 4.18 的结果，其中固相的圆柱体 R_1 能够发生分解反应 $R_1(\mathrm{s})=P_1(\mathrm{f})$，圆柱体 R_1 的摩尔体积 $V_\mathrm{M}=0.124\ \mathrm{m}^3/\mathrm{mol}$，组分 P_1 可同时溶解在流体 A 和流体 B 中，其浓度满足亨利定律，亨利系数 $H=0.2$。分解反应的动力学系数和平衡浓度分别为 $k_\mathrm{A}=1.25\times10^{-3}\ \mathrm{m/s}$，$k_\mathrm{B}=Hk_\mathrm{A}$，$C_{\mathrm{eq},P_1}^\mathrm{A}=1.0\ \mathrm{mol/L}$，$C_{\mathrm{eq},P_1}^\mathrm{B}=C_{\mathrm{eq},P_1}^\mathrm{A}/H$，从而使得流体 A 和流体 B 中分解反应速率相等：

$$r=k_\mathrm{A}(C_{\mathrm{eq},P_1}^\mathrm{A}-C_{P_1}^\mathrm{A})=k_\mathrm{B}(C_{\mathrm{eq},P_1}^\mathrm{B}-C_{P_1}^\mathrm{B}) \tag{4.45}$$

这一设定与水合物分解过程基于逸度计算分解速率的原理式(2.7)是一致的。组分 P_1 在各相中的扩散系数分别为 $D_\mathrm{A}=5.0\times10^{-9}\ \mathrm{m}^2/\mathrm{s}$，$D_\mathrm{B}=1.0\times10^{-6}\ \mathrm{m}^2/\mathrm{s}$，各相中的初始浓度为 $C_{0,P_1}^\mathrm{B}=2.0\ \mathrm{mol/L}$，$C_{0,P_1}^\mathrm{A}=HC_{0,P_1}^\mathrm{B}=0.4\ \mathrm{mol/L}$，计算域左右两侧为周期性边界，上下两侧为无质量通量的壁面。图 4.23 展示了采用局部平均虚拟密度格式计算的数值结果，对于亲水(小接触角)和疏水(大接触角)的工况，分解过程展现出完全不同的特征。对于疏水工况($\theta\approx124°$)，在分解的初始阶段，被流体 A 液滴覆盖的

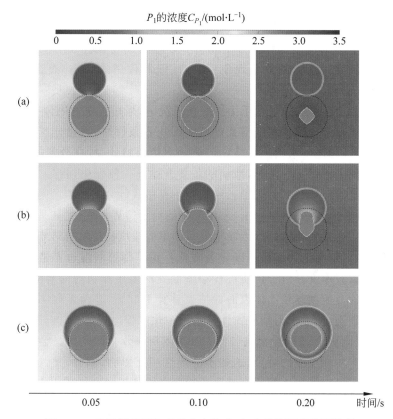

图 4.23　采用局部平均虚拟密度格式时,有液滴覆盖的圆柱体
溶解问题浓度场变化及固相演化数值计算结果
(a) $\theta \approx 124°$;(b) $\theta \approx 85°$;(c) $\theta \approx 30°$
注:其中黑色虚线为圆柱体初始轮廓。

位置分解速率较慢;随着分解的进行,流体 A 液滴与固体表面分离,整个圆柱体浸没在流体 B 中,且固相表面各个位置的分解速率基本是均一的。对于亲水工况($\theta \approx 30°$),分解过程流体 A 始终覆盖在固体圆柱表面,直至最后完全包裹住流体 A,固体圆柱的分解速率与其表面覆盖的流体 A 厚度有显著的关联。当固体表面覆盖的流体 A 厚度较厚时,该位置的分解速率较慢;而在流体 A 厚度较薄的位置,固体圆柱的分解速率较快,这一现象是由于第 3 章提到的流体 A 中的传质限制作用导致的。由于组分 P_1 在流体 A 中的扩散系数 D_A 较低,分解生成的组分 P_1 很难跨过流体 A 进入流体 B 中进而在圆柱表面堆积,造成流体 A 中圆柱表面处的浓度较

高,从而限制了当地的分解速率,这一传质限制作用在流体 A 厚度较厚
的位置更加明显,因而造成了圆柱表面不同位置分解速率的不同。上述
分析证明了本书提出的数值方法和边界处理格式能够有效模拟多相传质
及非均相反应过程中的复杂现象(如传质限制作用的影响,液滴的分离、
包裹行为等)。

　　图 4.24 和图 4.25 展示了中接触角工况下,采用传统的固体-流体相互
作用力格式和全局虚拟密度格式处理润湿边界条件时,圆柱分解过程的模
拟结果。可以看到,采用上述两种传统润湿边界格式时,在分解的后期,数
值计算出现了不稳定的情况,液滴的位置开始向一侧发生偏移。为了解释
这一不稳定性,图 4.26 比较了三种润湿边界格式计算多相流动问题时的速
度场。从速度场分布可以看出,采用传统的润湿边界格式(尤其是全局虚拟
密度格式),会在壁面附近产生非常显著的虚假速度;而采用局部平均虚拟
密度格式时,壁面上的虚假速度显著降低。正是传统润湿边界格式带来的
壁面处的虚假速度导致了传质过程中壁面处产生了非物理的对流通量,这
一非物理的对流项导致固体表面的浓度计算不准确,进而导致非均相反应
速率的不准确,从而使得圆柱固体结构的演化过程出现波动,圆柱形状不再
对称,因而流体 A 液滴会滑向一侧;而流体相态分布的变化又会影响到多
相传质和非均相反应的计算,这些不准确性相互影响、耦合,导致了最终阶
段的数值不稳定性。上述研究证明了局部平均虚拟密度格式相比于传统润
湿边界格式具有更好的数值性能。

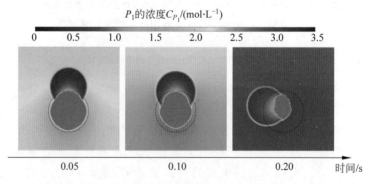

图 4.24 采用固体-流体相互作用力格式时,有液滴覆盖的圆柱体溶解问题
浓度场变化及固相演化数值计算结果($\theta \approx 81°$)

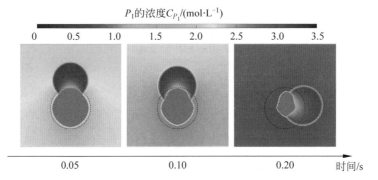

图 4.25　采用全局虚拟密度格式时，有液滴覆盖的圆柱体溶解问题浓度场变化及固相演化数值计算结果（$\theta \approx 86°$）

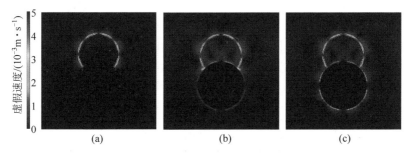

图 4.26　不同润湿边界格式下计算多相流场时的虚假速度分布
（a）局部平均虚拟密度格式；（b）固体-流体相互作用力格式；（c）全局虚拟密度格式

4.5.4　毛细管驱替过程的反应传质问题

验证了本书提出的数值模型及边界处理格式在计算静态过程中的多相传质和非均相反应过程的准确性后，本节将模拟毛细管驱替过程中的非均相反应及多相传质问题，来验证考虑对流作用时的数值准确性。多相流动润湿边界采用局部平均虚拟密度格式，研究的物理问题如图 4.27 所示，整个毛细管的尺寸为 400 μm×60 μm，计算域网格大小为 400×60。初始时刻毛细管前 50 μm 为流体 B，后 350 μm 为流体 A，组分 R_1 能够同时溶解在流体 A 和流体 B 中，其浓度满足亨利定律，亨利系数 $H=0.5$；初始浓度为 $C_{0,R_1}^{B}=1.0$ mol/L，$C_{0,R_1}^{A}=HC_{0,R_1}^{B}=0.5$ mol/L；在毛细管的上、下壁面发生非均相的吸收反应 $R_1(\text{f})=P_1(\text{s})$，动力学系数和平衡浓度分别为

$k_A = k_B = 5.0 \times 10^{-4}$ m/s, $C_{eq,R_1}^A = C_{eq,R_1}^B = 0.0$ mol/L；组分 R_1 在流体 A 和流体 B 中的扩散系数分别为 $D_A = 1.0 \times 10^{-8}$ m/s, $D_B = 1.0 \times 10^{-7}$ m/s，达姆科勒数 $Da = k_A L / D_A = 3.0$，其中特征长度 $L = 60$ μm。流体 B 在毛细管的左侧注入，并携带有浓度 $C_{in,R_1} = 1.0$ mol/L 的组分 R_1，注入的流速为 $U_{in} = 1.0 \times 10^{-3}$ m/s，流体 A 的接触角设置为 $\theta \approx 30°$。在模拟过程中，首先将流体的黏度设为 $v_A = v_B = 1.0 \times 10^{-7}$ m^2/s 来实现较小的毛细数：

$$Ca = \frac{\rho_A v_A U}{\sigma} = 1.75 \times 10^{-3} \tag{4.46}$$

同时，佩克莱数可计算为

$$Pe = \frac{UL}{D_A} = 6.0 \tag{4.47}$$

为了验证模型的准确性，本书采用传统的计算流体力学 VOF-CST 方法[264]，利用开源软件 OpenFOAM® 计算相同的物理问题，与本书提出的基于格子玻尔兹曼方法的多相传质及非均相反应模型（为便于比较，称作 LB-CST 方法）进行比较。

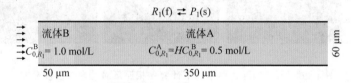

图 4.27　毛细管驱替过程的反应传质问题的计算域示意图

图 4.28 比较了 LB-CST 方法和 VOF-CST 方法的数值计算结果，两种方法的结果吻合得较好，证明了本书提出的数值模型的准确性。随着驱替过程的进行，由于毛细管壁面的吸收反应，流体 A 和流体 B 中组分 R_1 的浓度逐渐降低。在流体 B 中，由于进口处不断补充组分 R_1，沿水平方向组分 R_1 的浓度呈现由高到低的梯度；在流体 A 中，组分 R_1 仅通过流体 B 向流体 A 进行跨相传质的方式补充，由于 Da 较大，跨相传质补充的组分浓度远不及壁面吸收反应消耗的组分浓度，因而在流体 A 中，组分浓度呈现靠近壁面的位置浓度较低、毛细管中心处浓度较高的分布，且随着分解的进行浓度逐渐趋于 0（如图 4.28 中 $t = 0.20$ s 时所示）。

进一步的，本书比较了 LB-CST 方法和 VOF-CST 方法得到的毛细管中轴线处浓度分布随时间的变化情况（如图 4.29 所示），两种方法的计算结果表现出良好的一致性。同时，表 4.5 计算了 LB-CST 方法与 VOF-CST

方法中轴线浓度的相对偏差,两种方法的相对偏差最大值仅 6.24%,说明本书提出的数值模型和边界格式在计算考虑对流作用的多相传质及非均相反应问题时,同样具有良好的准确性。

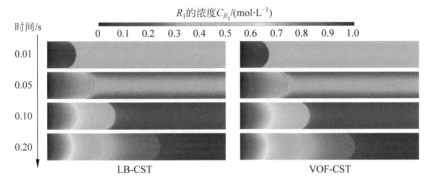

图 4.28　LB-CST 方法和 VOF-CST 方法计算毛细管驱替过程反应传质问题浓度分布随时间变化的数值结果的比较($Da=3.0,Pe=6.0,Ca=1.75\times10^{-3}$)

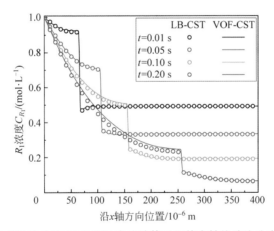

图 4.29　LB-CST 方法和 VOF-CST 方法计算毛细管中轴线浓度分布随时间演化过程的数值结果比较($Da=3.0,Pe=6.0,Ca=1.75\times10^{-3}$)

表 4.5　LB-CST 方法与 VOF-CST 方法计算结果的相对偏差

时间/s	$Ca=1.75\times10^{-3}$	$Ca=1.75\times10^{-2}$
0.01	0.74%	1.87%
0.05	2.11%	5.04%
0.10	3.58%	3.45%
0.20	6.24%	15.28%

　　同时,本书也计算了采用传统润湿边界条件的模拟结果作为比较,如图 4.30 所示。可以看到,采用传统润湿边界条件时,在毛细管的壁面处浓度的计算与 VOF-CST 方法的计算结果存在明显的偏差,而采用局部平均虚拟密度格式的偏差较小,因而选用局部平均虚拟密度格式处理润湿边界条件是必要的。

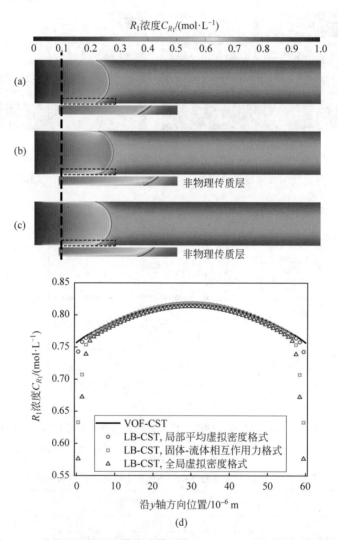

图 4.30　采用不同润湿边界格式得到的 $t = 0.05$ s 时刻浓度场数值结果

(a) 局部平均虚拟密度格式；(b) 固体-流体相互作用力格式；

(c) 全局虚拟密度格式；(d) $x = 40\ \mu m$ 纵截面处浓度分布曲线

接下来,本书通过改变流体 A 和流体 B 的黏度 $v_A = v_B = 1.0 \times 10^{-6}$ m^2/s, 计算毛细数 Ca$=1.75 \times 10^{-2}$ 时的流动反应过程,并与 VOF-CST 方法的计算结果进行比较。如图 4.31 所示,在驱替后期,多相流动出现了“指进”的现象,这一现象被称作“薄膜黏附”[187](film deposition)[187],虽然两种方法计算的相界面形状有细微的偏差,但浓度变化计算结果总体上是一致的。图 4.32 展示了不同时刻中轴线上的浓度分布,同时本书计算了不同时刻中轴线上浓度的相对偏差,列在表 4.5 中。可以看到,除了 $t=0.20$ s 时由于相界面形状的不同带来了约 15% 的偏差,其余时刻的相对偏差较小,且中轴线上浓度分布结果与 VOF-CST 方法的结果吻合较好,说明本书提出的数值方法在计算不同的多相流动形态下的反应传质过程时,同样保证了令人满意的数值准确性。

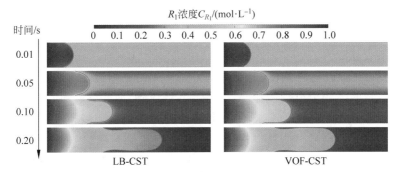

图 4.31　LB-CST 方法和 VOF-CST 方法计算毛细管驱替过程反应传质问题浓度分布随时间变化的数值结果的比较($Da=3.0,Pe=6.0,$Ca$=1.75 \times 10^{-2}$)

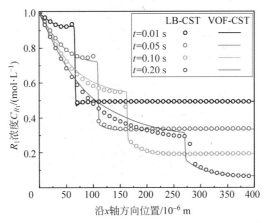

图 4.32　LB-CST 方法和 VOF-CST 方法计算毛细管中轴线浓度分布随时间演化过程的数值结果比较($Da=3.0,Pe=6.0,$Ca$=1.75 \times 10^{-2}$)

4.5.5　多孔介质中的多相溶解问题

本节针对多孔介质中的多相溶解问题进行数值计算,证明本书提出的数值模型能够处理复杂的物理问题,研究对象如图 4.33 所示。在多孔介质中充满了两种不混溶的流体 A 和流体 B,在多孔介质岩石基质表面覆盖有可溶解的固体 R_1,其摩尔体积 $V_M=0.25$ m^3/mol,溶解反应为 $R_1(s)=P_1(f)$。在模拟过程中讨论了两种流体 A 饱和度的工况,$S_A=0.28$ 和 $S_A=0.55$。溶解反应生成的组分 P_1 可同时溶解在流体 A 和流体 B 中,其浓度满足亨利定律,亨利系数 $H=0.5$。初始时刻,流体 A 和流体 B 中不含组分 P_1,$C_{0,P_1}^A=C_{0,P_1}^B=0.0$ mol/L。在模拟过程中,溶解反应仅发生在流体 A 相中,对应的动力学系数和平衡浓度分别为 $k_A=1.0\times10^{-4}$ m/s,$k_B=0.0$ m/s,$C_{eq,P_1}^A=0.5$ mol/L,$C_{eq,P_1}^B=0.0$ mol/L。组分 P_1 在流体 A 和流体 B 中的扩散系数分别为 $D_A=5.0\times10^{-9}$ m^2/s,$D_B=1.0\times10^{-6}$ m^2/s。计算域左右两侧为周期性边界条件,上下两侧为无反应的壁面边界。通过在流体中施加恒定的体积力驱动流体 A 和流体 B 的流动,对于 $S_A=0.28$ 工况,通过调节体积力实现较高流速,使分解结束时固相结构下多相流动的佩克莱数 $Pe=UL/D_A=2.49$,其中特征长度取平均粒径 $L=32$ μm;对于 $S_A=0.55$ 的工况,通过调节体积力实现较低流速,使分解结束阶段的佩克莱数

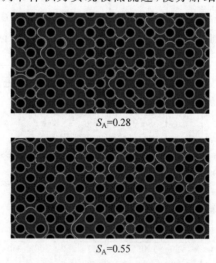

$S_A=0.28$

$S_A=0.55$

图 4.33　多孔介质多相溶解问题的计算域及初始相态分布

注:红色代表流体 A,蓝色代表流体 B,黑色为多孔介质岩石基质,灰色为可溶解固体。

$Pe=UL/D_A=0.07$。针对上述两组工况进行数值模拟,流体 A 的接触角设定为 $\theta\approx30°$,采用局部平均虚拟密度格式计算润湿边界。

图 4.34 展示了 $S_A=0.55,Pe=0.07$ 工况下浓度场分布及固相结构随时间演化的数值结果。当 $t=0.05$ s 时,流体 A 中固体表面附近的浓度由于溶解反应而显著升高;在流体 B 中,由于不发生反应,浓度保持较低的水平。同时,流体 A 中的组分 P_1 通过跨相传质进入流体 B 中,因而在相界面附近,流体 A 中的组分浓度比其他位置更低。由于组分 P_1 在流体 A 中的扩散系数 D_A 较低,传质速率较慢,因而流体 A 中主体区域与相界面附近区域存在较大的浓度差异,这一现象是由于传质限制作用导致的。随着分解的不断进行,在 $t=0.20$ s 时,流体 A 中主体区域浓度基本达到了平衡浓度 $C_{\mathrm{eq},P_1}^A=0.5$ mol/L,只有在流体 A 和流体 B 的相界面附近,组分 P_1 由于跨相传质维持较低的浓度,此时溶解反应主要发生在流体 A 区域内的相界面附近,从而导致固相演化图像表现出了非均质性。直到 $t=0.40$ s,流体 A 中各个位置的浓度均达到平衡浓度,溶解反应停止。

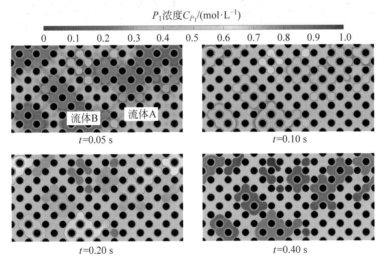

图 4.34　采用局部平均虚拟密度格式时,多孔介质多相溶解过程浓度场及固相演化数值结果($Da=0.64$,红色实线为相界面位置)

图 4.35 展示了 $S_A=0.28,Pe=2.49$ 工况下的数值结果,由于这一工况下流体的流速较高,相界面的位置变化更加明显,进而导致了更复杂的分解现象。同低流速的工况一致,由于跨相传质的作用,流体 A 中靠近相界

面的位置组分 P_1 的浓度较低,因而溶解反应主要发生在相界面附近。由于流速较高,相界面的位置发生了更明显的变化,从而导致溶解反应的位置变化更加复杂,形成了更复杂的固相演化形态。如图 4.35 中 $t=0.40$ s 时刻所示,某些固体虽然不在相界面附近,仍发生了较明显的溶解反应。

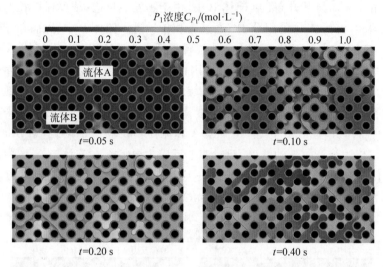

图 4.35　采用局部平均虚拟密度格式时,多孔介质多相溶解过程浓度场及固相演化数值结果($Da=0.64$)

为了研究传质限制作用对溶解速率的影响,本书同时模拟了 $D_A=1.0\times10^{-6}$ m^2/s 的工况作为对照组,比较考虑传质限制作用($D_A=5.0\times10^{-9}$ m^2/s)和传质限制作用可忽略($D_A=1.0\times10^{-6}$ m^2/s)情况下的溶解率曲线和流体 A 中平均浓度变化曲线,如图 4.36 所示。从图 4.36(a)可以看出,由于传质限制作用,两组工况下的分解速率均变慢,为了量化这一限制作用,本书利用类似式(3.4)的方式对图 4.36(b)的平均浓度变化曲线进行拟合:

$$C_{\text{ave},P_1}^{A} = C_{\text{eq},P_1}^{A} + \Pi\exp(-k_{\text{total}}t) \tag{4.48}$$

其中拟合参数 k_{total} 可以表征总体的表观分解速率:

$$\frac{\mathrm{d}C_{\text{ave},P_1}^{A}}{\mathrm{d}t} = k_{\text{total}}(C_{\text{eq},P_1}^{A} - C_{\text{ave},P_1}^{A}) \tag{4.49}$$

表 4.6 列出了考虑传质限制作用工况下拟合得到的表观速率 k_{total} 和忽略传质限制作用工况下得到的表观速率 $k_{\text{total},0}$,并通过两者的比较量化了传质限制作用(MTL)的影响:

$$MTL = (k_{total,0} - k_{total})/k_{total,0} \qquad (4.50)$$

当 $Da = 0.64$ 时，由于传质限制作用，两组工况下的溶解速率均下降了 13% 左右；当分解速率进一步增大时（$Da = 3.20$），这一限制作用更加明显。对于 $S_A = 0.28$ 的工况，传质限制作用导致溶解速率下降了 27.31%；而当 $S_A = 0.55$ 时，由于流体 A 的饱和度更高，相当于增加了流体 A 的等效厚度，组分 P_1 跨相传质的阻力更大，传质限制作用更明显，导致溶解速率下降了 33.66%。上述分析可为 REV 尺度溶解速率模型的修正提供理论基础，同时也证明了本书提出的数值模型及边界处理格式能够有效地研究复杂结构中的多相传质及非均相反应过程。

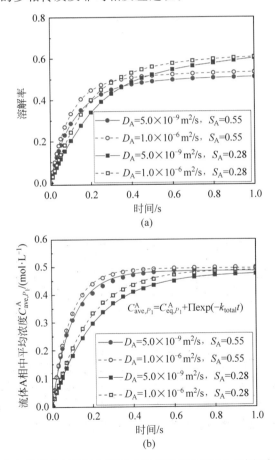

图 4.36　考虑传质限制作用和不考虑传质限制作用时（a）溶解率变化曲线；（b）流体 A 相中平均浓度变化曲线

表 4.6　表观分解速率拟合结果及传质限制作用量化结果

工　况	$S_A = 0.55, Pe = 0.07$			$S_A = 0.28, Pe = 2.49$		
	k_{total}/s^{-1}	$k_{total,0}/s^{-1}$	MTL/%	k_{total}/s^{-1}	$k_{total,0}/s^{-1}$	MTL/%
$Da = 0.64$	9.61	11.12	13.54	4.80	5.56	13.63
$Da = 3.20$	34.88	52.58	33.66	15.97	21.98	27.31

　　最后,本书采用传统的固体-流体相互作用力模型和全局虚拟密度格式对上述多孔介质多相溶解过程进行数值模拟,图 4.37 展示了采用全局虚拟密度格式时 $S_A = 0.55$ 工况下的计算结果。从图 4.37 中可以看出,当 $t = 0.05$ s 时,流体 B 中的浓度相较于图 4.33 有明显的升高,这是由于在流体 B 与固相表面接触的位置存在非物理的相分数层,相当于固相表面覆盖了一层"虚拟的流体 A 层",这一非物理的结果导致分解反应在流体 B 相中也开始进行,因而流体 B 中的浓度有了明显的升高;当 $t = 0.40$ s 时,可以看到被流体 B 包裹的固体也发生了明显的溶解现象,这与模拟过程中所假设的流体 B 中不发生溶解反应是矛盾的,采用固体-流体相互作用力格式同样会产生类似的数值错误。图 4.38 比较了不同润湿边界格式下的平均浓度变化曲线,可以看到传统的两种润湿边界格式带来分解速率的升高,通过拟合可以

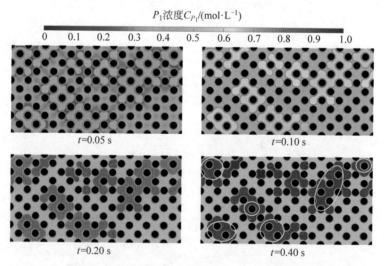

P_1 浓度 $C_{P_1}/(mol \cdot L^{-1})$

$t=0.05$ s　　　　$t=0.10$ s

$t=0.20$ s　　　　$t=0.40$ s

图 4.37　采用全局虚拟密度格式时,多孔介质多相溶解过程浓度场及固相演化数值结果($Pe = 2.49, Da = 0.64$)

得到采用全局虚拟密度格式计算时表观分解速率为 $k_{total} = 12.02$ s^{-1}；采用固体-流体相互作用力格式计算时表观分解速率为 $k_{total} = 11.31$ s^{-1}，比表 4.6 中不考虑传质限制作用时的表观分解速率还要高。可以看出，采用上述两种格式会明显低估传质限制作用，因而在计算多相传质和非均相反应的过程中应避免使用这两种传统润湿边界格式。

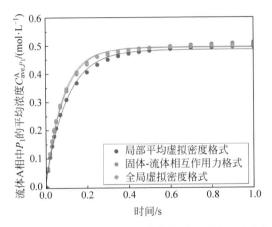

图 4.38 三种不同润湿边界格式计算得到的平均浓度变化曲线

4.6 本 章 小 结

针对开放体系跨相传质及非均相反应的计算，本章提出了一种新的数值方法及边界处理格式，并进行了细致的数值验证，主要内容如下：

（1）通过引入传统计算流体力学 VOF 方法中的 CST 模型，基于格子玻尔兹曼方法，提出了计算开放体系跨相传质问题的 CST-LB 模型，并通过查普曼-恩斯库格分析，证明了该模型具有理论基础。

（2）将 CST-LB 模型与多组分多相伪势模型进行了耦合计算，通过一系列跨相传质问题的数值案例，证明了 CST-LB 模型在计算开放体系跨相传质问题中具有良好的数值性能。

（3）针对多相体系中的非均相反应，基于 CST-LB 模型，提出了非均相化学反应边界处理格式；为了提高固相表面相分数计算的准确性，进而提高非均相化学反应边界处理的准确性，提出了针对多组分多相伪势模型的改进润湿边界处理格式，即局部平均虚拟密度格式。

（4）利用本书提出的边界格式，针对一系列多相非均相反应的数值案例进行了数值验证和比较研究，证实了本章所提出的边界格式能够准确计算多相体系中的非均相反应问题，同时强调了采用局部平均虚拟密度模型处理润湿边界的必要性。

上述多相传质-反应数值模型及边界格式为第 5 章开放体系中不同气水运移条件下水合物分解行为特征的研究奠定了基础。

第5章 天然气水合物在气水运移过程中的分解规律研究

5.1 引 论

在本书第 3 章中已经讨论了跨相传质、共轭传热和相态分布对水合物分解行为特征的影响规律，而在实际水合物开采的工程应用中，天然气水合物储层中复杂的气、水多相渗流行为也是影响水合物开采过程的重要因素，需要更深入的认识。受限于第 2 章提出的跨相传质模型无法计算开放体系中的跨相传质问题，在第 3 章的研究中未能考虑气水运移规律对水合物分解行为特征的影响。为了进一步探究气水运移的影响机理，基于本书第 4 章所提出的计算开放体系跨相传质问题的 CST-LB 模型，将针对注 N_2 驱替法分解水合物的过程开展孔隙尺度数值模拟研究，通过研究不同储层初始含水饱和度、不同驱替流速下水合物分解行为特征，认识水合物分解机理，量化不同气水运移条件下的传质限制作用和传热限制作用；基于驱替流速和含水饱和度，可绘制不同气水运移规律下的水合物分解模式相图，同时为 REV 尺度模拟提供更准确的渗流模型、水合物表面积模型等计算参数。

5.2 物理问题及数值模型

为了探究气水运移规律对天然气水合物分解过程的影响机制，本章的研究对象为注 N_2 驱替法水合物分解过程[86]，考虑其中的多相流动、跨相传质、共轭传热、非均相分解反应及水合物结构演化过程，进行孔隙尺度数值模拟。计算域如图 5.1 所示，初始时刻，在储层多孔介质（图 5.1 中黑色部分为岩石基质）中，赋存有表面包裹型结构的天然气水合物（图 5.1 中灰色部分），其中多孔介质岩石基质的孔隙率为 $\phi_{por}=$

0.649,与文献[183]采用的多孔介质结构孔隙率基本一致。根据已有的水合物显微 CT 实验结果[153],多孔介质中水合物饱和度分布在 $0.1\sim 0.6$ 的范围内,因而数值模拟中天然气水合物饱和度设定为较为合理的中间值 $S_{hyd}=0.324$,整个计算域的尺寸为 12 mm×3 mm,网格大小为 1200×300。储层多孔介质中同时含有气相和液相流体,甲烷视为溶解在气相和液相中的组分。为了研究不同储层含水饱和度条件下的气水运移规律和水合物分解行为特征,本书设定了六组不同的初始含水饱和度 S_w 进行数值模拟,包括一组纯单相工况($S_w=0.0$)以及五组多相工况($S_w=0.13\sim 0.70$),其中水的接触角设为 $\theta\approx 20°$,各组工况的相态分布情况如图 5.2 所示。

图 5.1　天然气水合物储层多孔介质结构示意图

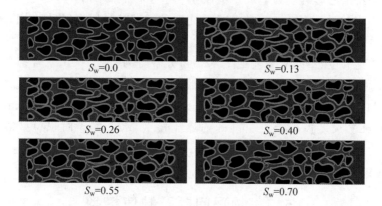

$S_w=0.0$　　　　　　　　　$S_w=0.13$

$S_w=0.26$　　　　　　　　　$S_w=0.40$

$S_w=0.55$　　　　　　　　　$S_w=0.70$

图 5.2　不同含水饱和度工况下的初始相态分布(蓝色为水相,红色为气相)

初始时刻,储层温度设定为与实际海底水合物储层温度[22]相近的 288.15 K,气相、水相中的甲烷浓度与水合物保持相平衡,由式(2.8)计算可得 288.15 K 时甲烷相平衡分压为 11.5 MPa,对应的气相甲烷浓度为 $C_{0g}=5.75$ mol/L;水相中的甲烷浓度与气相浓度满足亨利定律规定的平衡状态,亨利系数设定为 $H=0.5$,进而得到水相中甲烷初始浓度为 $C_{0w}=$

2.875 mol/L。随后,一定流速的 N_2 从多孔介质左侧进口处注入,注入的 N_2 温度为 $T_{in}=288.15$ K,由于注入的 N_2 中不含有甲烷,因而甲烷的进口浓度 $C_{in}=0.0$ mol/L。随着 N_2 的注入,储层中甲烷的浓度降低,水合物相平衡条件被破坏,水合物开始分解生成甲烷和水,分解过程的控制方程与反应模型已在 2.2 节中介绍,这里不再赘述,模拟过程所采用的物性参数如表 5.1 所示。

表 5.1　数值模拟采用的物性参数

水相密度 ρ_w	1000 kg/m^3
气相密度 ρ_g	100 kg/m^3
水相运动黏度 υ_w	1.0×10^{-6} m^2/s
气相运动黏度 υ_g	1.57×10^{-5} m^2/s
甲烷在水中的扩散系数 D_w	5×10^{-7} m^2/s
甲烷气相扩散系数 D_g	2.4×10^{-5} m^2/s
反应动力学系数 k_{C0}	5.13×10^9 m/s
反应活化能 E_A/R	9399 K
反应焓 ΔH	51.86 kJ/mol
水相导热系数 λ_w	0.55 W/(m·K)
气相导热系数 λ_g	0.045 W/(m·K)
固相导热系数 λ_s	0.49 W/(m·K)
水相比热容 c_{pw}	4.2 kJ/(kg·K)
气相比热容 c_{pg}	3.2 kJ/(kg·K)
固相比热容 c_{ps}	2.1×10^3 kJ/(m^3·K)

　　在数值模拟过程中,本书仍采用格子玻尔兹曼方法计算分解过程涉及的多物理化学场耦合问题。其中,多相流动、共轭传热与固相演化过程仍采用第 2 章介绍的相关数值模型进行计算。由于本章的研究对象为开放体系,跨相传质及非均相反应采用第 4 章介绍的 CST-LB 模型及边界格式进行计算,相关模型耦合的计算流程如图 5.3 所示。

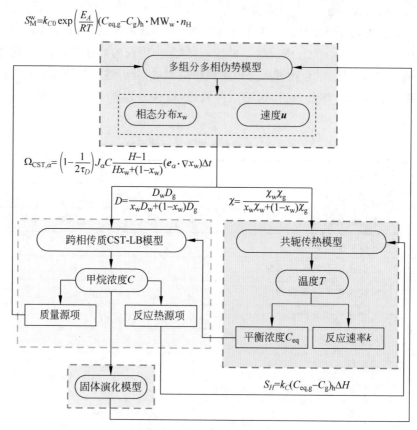

$$S_M^w = k_{C0} \exp\left(\frac{E_A}{RT}\right)(C_{eq.g} - C_g)_h \cdot MW_w \cdot n_H$$

$$\Omega_{CST,\alpha} = \left(1 - \frac{1}{2\tau_D}\right) J_\alpha C \frac{H-1}{Hx_w + (1-x_w)}(e_\alpha \cdot \nabla x_w)\Delta t$$

$$D = \frac{D_w D_g}{x_w D_w + (1-x_w) D_g} \qquad \chi = \frac{\chi_w \chi_g}{x_w \chi_w + (1-x_w)\chi_g}$$

$$S_H = k_C (C_{eq.g} - C_g)_h \Delta H$$

图 5.3　多场耦合数值计算程序流程图

5.3　计算结果及讨论

本书首先对纯单相流动工况进行研究,确定水合物分解过程中对流控制和扩散控制的作用区间及对应的水合物分解模式;之后对于多相流动工况,分别在对流控制和扩散控制对应的驱替流速下模拟不同含水饱和度条件下的分解过程,讨论多相传热、传质控制机制以及对应的水合物分解模式;接下来基于不同的驱替流速和含水饱和度绘制水合物分解模式相图,明确五种典型的水合物分解模式及其控制机制;最后针对不同的分解模式,统计渗流模型、水合物表面积模型等 REV 尺度计算参数。

5.3.1　纯单相流动工况下水合物分解模式及控制机制

本书首先针对纯单相工况,仅考虑气相流动,通过设置不同注 N_2 速率来认识传热传质过程中对流项的强度对水合物分解过程的影响,采用佩克莱数表征对流的强度:

$$Pe = \frac{UL}{D_g} \tag{5.1}$$

其中,U 为注气速率;特征长度 L 取平均粒径 $600~\mu m$。本书模拟了 Pe 从 $O(10^{-4})$ 到 $O(10^0)$ 区间的分解过程,各自工况下计算得到的水合物饱和度随时间变化曲线如图 5.4 所示。

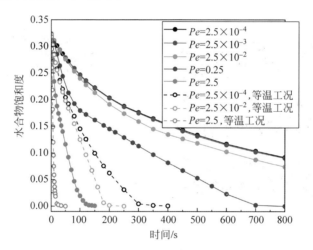

图 5.4　纯单相工况不同 Pe 条件下的水合物饱和度变化曲线

当注气速率较低时($Pe < O(10^{-2})$),$Pe = 2.5 \times 10^{-4}$ 与 $Pe = 2.5 \times 10^{-3}$ 的两组工况分解曲线几乎是重合的,说明此时流体的流速变化对水合物分解速率的影响可以忽略;当注气速率较高时($Pe > O(10^{-2})$),随着注气速率的升高,分解速率明显提高,说明此时流体流速变化对水合物分解速率有重要的影响。为了更直观地认识不同工况下水合物分解过程的演化规律,图 5.5 和图 5.6 展示了两种典型注气速率工况下(低流速:$Pe = 2.5 \times 10^{-3}$;高流速:$Pe = 0.25$),水合物分解过程的浓度变化和温度变化情况。

图 5.5 展示了低流速($Pe = 2.5 \times 10^{-3}$)情况下水合物分解过程的浓度场及温度场变化,同时在温度场中标注了分解前缘的位置。由于 N_2 的注入,入口附近的甲烷浓度最先降低($t = 10~s$),导致水合物开始分解,此时分

解前缘集中在入口附近的位置。随着时间的推移,分解前缘的位置缓慢向前推进,且分解前缘的形状始终与入口平行,分解模式呈现"平面型分解"的特征。根据 $t=100$ s时刻的甲烷浓度分布可以发现,甲烷浓度变化是缓慢且平行向前传播的,此时相比于对流的影响,扩散过程是决定甲烷浓度变化的主要控制机制。同时,相比于扩散过程,分解反应对浓度场变化的影响也不显著,这是由于气相扩散系数 D_g 较大,导致达姆科勒数 $Da=k_c L/D_g$ 较小,当温度为 288.15 K 时 Da 数仅为 0.085,此时水合物表面的反应通量远小于扩散通量,扩散过程占主导。综上,当 Pe 数较低时,对于单相流动工况,水合物分解过程是扩散控制的。

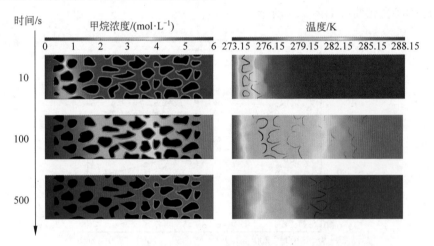

图 5.5   纯单相工况 $Pe=2.5\times10^{-3}$ 时的甲烷浓度分布与温度分布随时间演化规律(温度云图中的灰度线表示分解前缘的位置)

对于传热过程,从温度场可以看到,由于分解过程的反应吸热,分解前缘位置的温度降低十分明显,为了量化反应吸热与传热过程的竞争关系,本书定义热 Da 数:

$$Da_T=\frac{k_c L\Delta H\Delta C}{\lambda\Delta T} \tag{5.2}$$

其中,$\Delta T=15$ K;$\Delta C=5.75$ mol/L。在 288.15 K 时,热 Da 数较大,$Da_T=9.14$,说明相比于传热过程,反应吸热在温度变化中起到了主导作用。在分解的后期($t=500$ s),储层多孔介质中全场的甲烷浓度都降低到了极低的水平,此时温度的降低是限制分解速率的主要因素。为了进一步认识传热过程对水合物分解速率的影响,本书模拟了相同流速下等温过程的水合物分解,其水合物饱和度变化曲线同样展示在图 5.4 中。从图 5.4 中可以看出,无论流速高低的工况,当分解过程不考虑温度的变化时,分解速率都有了显著的提高,说明反应吸热对分解过程的影响十分显著,这一影响被称为"传热限制作用"。

当注气速率较高时($Pe=0.25$),分解过程中甲烷浓度变化相比于低流速工况表现出完全不同的特征,如图 5.6 所示。由于多孔介质中孔隙分布不均匀,气体流动过程存在一条"优势通道",在多孔介质中部气体流速较快,在此优势通道内,对流过程对浓度变化起到了主导作用,这些位置上的浓度降低得更快,然后通过扩散缓慢辐射到其他位置。因而在优势通道区域,水合物的分解速率相比于其他位置更快,分解前缘集中在优势通道内,形成"锥形分解"的分解模式。此时对流过程是影响甲烷浓度变化的决定因素,水合物分解过程是对流控制的。对于传热过程,虽然注气速率的提高增强了热对流的作用,但在分解前缘处,温度变化依旧十分显著,此时反应吸热仍是决定温度变化的主导因素。

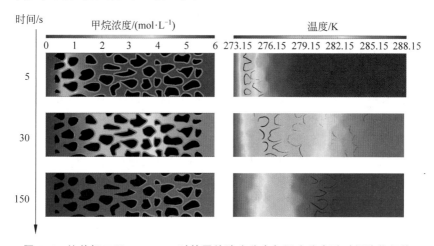

图 5.6　纯单相工况 $Pe=0.25$ 时的甲烷浓度分布与温度分布随时间演化规律

总的来说,在纯单相流动的情况下,水合物分解过程中甲烷浓度变化主要取决于扩散过程和对流过程的竞争机制:当注气速率较高时($Pe>O(10^{-2})$)水合物分解过程中浓度变化是对流控制的,提高流速能够显著提高分解速率,此时分解模式为"锥形分解";当注气速率较低时($Pe<O(10^{-2})$)水合物分解过程中浓度变化是扩散控制的,分解速率相比于高流速时更加缓慢,此时分解模式为"平面型分解"。反应吸热是分解过程温度

变化的主导因素,由于反应吸热导致的温度降低,带来了传热限制作用,明显降低了水合物的分解速率。

5.3.2　多相流动工况下水合物分解模式及控制机制

通过纯单相流动工况的计算,本书确定了水合物分解浓度变化过程扩散控制和对流控制的流速区间。进而本节将针对多相流动工况选取两个典型注气速率,即高流速($Pe=0.25$)和低流速($Pe=2.5\times10^{-3}$),通过研究不同含水饱和度条件下的水合物分解行为特征,确定不同流速、不同含水饱和度下水合物分解模式;通过浓度-温度变化轨迹图($C\text{-}T$轨迹图)明确水合物分解过程的控制机制;通过量化传质限制作用和传热限制作用,揭示气水运移过程对水合物分解速率的影响规律。

1. 高流速工况

首先,在$Pe=0.25$的高注气速率条件下,本书模拟了不同初始含水饱和度工况下的分解过程。图5.7展示了初始含水饱和度较低时($S_w=0.13$)水合物分解过程中甲烷浓度和温度演化过程。初始阶段,由于含水饱和度较低,储层多孔介质中的水是离散分布的,气相从一开始就已经形成了贯通整个计算域的连续通路,因而在分解前期($t=0.5$ s),储层中的水对甲烷的输运过程影响较小,气相中的甲烷浓度分布与图5.6中纯单相流动工况下的计算结果是相近的。随着分解过程的进行,当$t=30$ s时,由于分解反应生成了水,在分解前缘处部分水合物表面被水层所覆盖,相比于直接暴露在气相中的水合物,被水层覆盖的位置水合物分解的速率明显降低,这是由水中的传质限制作用导致的。之后,注入的N_2主要通过多孔介质的优势通道,在优势通道内由于对流的作用更加明显,甲烷的浓度相比于其他位置更低,水合物分解速率更快。同时,储层中的原生水和分解反应产生的水在流速较低的位置逐渐聚集,并阻碍优势通道内的气体向这些低流速区流动,导致一些气泡被限制在了低流速区,无法向下游流动。整个多孔介质被划分为了优势主流区和封闭气泡区,图5.8展示了$t=150$ s时的相态分布和两个区域的划分。在封闭气泡区,气泡中的甲烷需要跨越水层进入浓度较低的主流区,由于水层中扩散系数较低带来的传质限制作用,封闭气泡区的甲烷很难向外输运,导致这一区域内甲烷浓度较高,因而分解速率较慢。同时,优势主流区水合物分解吸热的影响会通过传热作用传播到封闭气泡区,导致封闭气泡区的温度也随之降低(如图5.7中$t=150$ s时的温度分布情况),从而传热限制作用进一步导致封闭气泡区的分解速率降低。因而在封闭气泡区,传质限制作用和传热限制作用都对水合物分解速率产生了重要的影响。

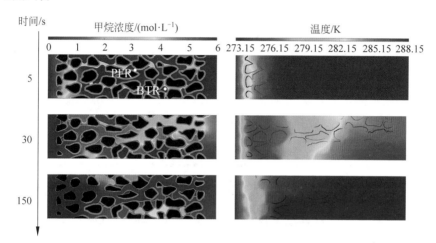

图 5.7　初始含水饱和度 $S_w = 0.13$,注气速率 $Pe = 0.25$ 工况下甲烷浓度分布与温度分布随时间演化规律

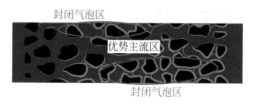

图 5.8　$t = 150$ s 时储层多孔介质中的气水分布及区域划分

从图 5.7 展示的分解前缘的位置来看,当 $t = 30$ s 时,分解前缘主要集中在了优势主流区,封闭气泡区内的水合物分解速率较低,水合物结构演化表现出极强的非均质性,此时水合物分解模式为"虫洞型分解",水合物分解过程分为两个阶段:首先是优势主流区内由于对流作用较强,甲烷浓度快速降低,从而导致该区域的水合物快速分解,此时表观分解速率较快;其次,当优势主流区的水合物全部分解后,表观分解速率主要体现在封闭气泡区内的水合物分解,由于传质限制作用和传热限制作用,此时表观分解速率较慢。针对水合物分解速率更具体的讨论会在后文中介绍。

图 5.9 展示了当初始含水饱和度较高时($S_w = 0.55$)水合物分解过程甲烷浓度及温度变化。由于初始时刻($t = 5$ s 时)水占据了大部分的孔隙结

构,气相未能在一开始形成贯通整个计算域的连续通路,储层多孔介质中的水阻碍了注入 N_2 的进一步流动;同时,由于水中的扩散系数较低,上游甲烷浓度的变化很难向下游传播。不过,由于注气速率较高($Pe=0.25$),随着分解过程的进行,注入的气体通过驱替流动逐渐突破储层中原生水的阻碍,在优势主流区形成了贯穿计算域的连续通路。如图 $t=30$ s 所示,储层多孔介质再次被划分为优势主流区和封闭气泡区,分解过程仍表现为"虫洞型分解"模式。与低含水饱和度工况不同的是,在储层多孔介质的上游,由于一些残留的水未被驱替而覆盖在水合物表面,导致分解后期($t=150$ s时)入口附近仍有水合物由于传质限制作用未被完全分解。

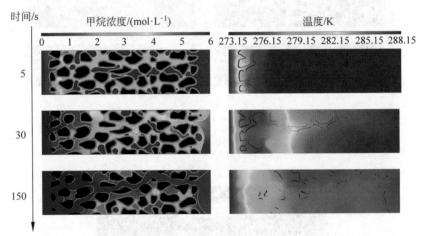

图 5.9　初始含水饱和度 $S_w=0.55$,注气速率 $Pe=0.25$ 工况下甲烷浓度分布与温度分布随时间演化规律

　　在认识了"虫洞型分解"模式的分解行为特征后,本书针对多孔介质中两个典型区域内(优势主流区、封闭气泡区)的选定位置,追踪其分解过程的甲烷浓度及温度变化,绘制 C-T 轨迹图来分析两个区域的分解机理。如图 5.10 所示,在优势主流区,本书选定的位置点记为 PFR;在封闭气泡区,选定的位置点记为 BTR,其具体位置标注在了图 5.7($t=5$ s 时)的浓度云图上。

　　对于初始含水饱和度较低的工况($S_w=0.13$),如图 5.10(a)所示,在 PFR 点处由于 N_2 的注入,当地的甲烷浓度降低,导致水合物开始分解,并伴随着吸热反应引起的温度降低。在分解过程中,甲烷浓度和温度基本上是沿着水合物相平衡线移动的,直到 $t=100$ s 时,优势主流区的甲烷浓度降低到接近 0 mol/L，温度也降低到了 273.15 K，此时传热限制作用是影响水合物分解速率的主要因素。而在封闭气泡区，$t=50$ s 之前，由于传质限制作用，BTR 处的甲烷浓度几乎没有发生变化。由于传热的作用，优势主流区的反应吸热也影响到了封闭气泡区，BTR 处的温度明显降低；之后通过缓慢的跨相传质，BTR 处的甲烷浓度缓慢降低，最终在 $t=400$ s 时到达相平衡线以下，此处水合物开始分解，说明传质限制作用和传热限制作用共同影响了封闭气泡区水合物的分解速率。

图 5.10(b)展示了初始含水饱和度较高时($S_w=0.55$)，PFR 和 BTR 位置处的 C-T 轨迹。在优势主流区的 PFR 点处，甲烷浓度与温度的变化规律与 $S_w=0.13$ 时的规律是相似的，这是由于注入的 N_2 突破了原生水的阻碍形成了优势通道，在优势通道内，受到对流的影响甲烷浓度快速降低，形成了与低含水饱和度相近的浓度、温度变化规律。而在封闭气泡区 BTR 处，由于含水饱和度更高，传质限制作用更加明显，甲烷浓度降低的速度与低含水饱和度的工况相比更加缓慢，直到 $t=600$ s 时甲烷浓度才降低到相平衡线以下，因而水合物分解速率更加缓慢。PFR 和 BTR 的 C-T 轨迹详细解释了优势主流区和封闭气泡区分解速率差异的成因，进而揭示了高流速时"虫洞型分解"模式形成的原因以及不同位置传热、传质限制作用的差异。

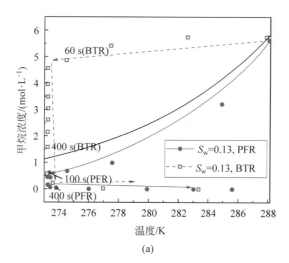

(a)

图 5.10　PFR 和 BTR 位置处的 C-T 轨迹图（图中黑色曲线为水合物相平衡线）

(a) $S_w=0.13$；(b) $S_w=0.55$

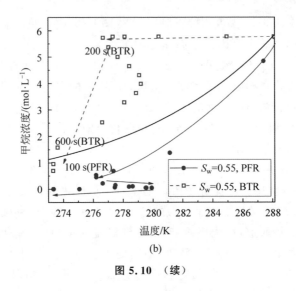

(b)

图 5.10 （续）

　　图 5.11 比较了不同初始含水饱和度条件下水合物饱和度随时间变化的曲线,随着分解的进行,分解速率逐渐降低,这是由于传热限制作用与传质限制作用在分解后期更加显著导致的。值得注意的是,不同含水饱和度条件下,水合物分解曲线之间差别不大,为了进一步解释这一现象,图 5.12 绘制了不同含水饱和度条件下储层平均甲烷浓度变化曲线和温度变化曲线。从图 5.12(a)中可以发现,由于水的传质限制作用,多相工况下甲烷浓度降低的速率低于纯单相工况,且对于多相流动工况,甲烷浓度变化曲线呈现明显的分段规律:当 $t<50\text{ s}$ 时,甲烷浓度曲线迅速呈直线下降,此时传质过程主要由优势主流区中的对流主导;当 $t>50\text{ s}$ 时,甲烷浓度降低速率缓慢,此时传质过程主要由封闭气泡区中的扩散主导。在第一阶段($t<50\text{ s}$),水合物分解主要发生在优势主流区,由于对流占主导,且优势主流区内为贯通的气相通路,传质限制作用不明显,因而多相工况的分解曲线与单相工况的分解曲线几乎重合。当进入第二阶段时($t\geqslant50\text{ s}$),由于水中的传质限制作用减缓了甲烷浓度的降低,且含水饱和度越高传质限制作用越明显。不过此时由于水的比热容较大,反应吸热导致的温度降低较单相工况更加缓慢,而且对于多相工况,由于分解中期优势主流区的水合物被完全分解,而封闭气泡内的水合物分解比较缓慢,反应吸热效应减弱,导致温度出现了一定的回升,这些因素使传热限制作用减弱,且含水饱和度越高传热限制作用的减弱越明显,传热限制作用的减弱抵消了一部分由水带来的传质限制作用,因而体现在最后水合物饱和度演化曲线上就是不同含水饱和度工况下的分解速率没有出现较大的差别。

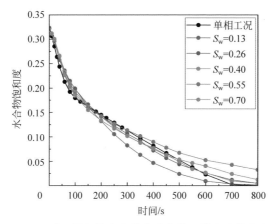

图 5.11　$Pe = 0.25$ 时不同初始含水饱和度条件下的水合物饱和度变化曲线

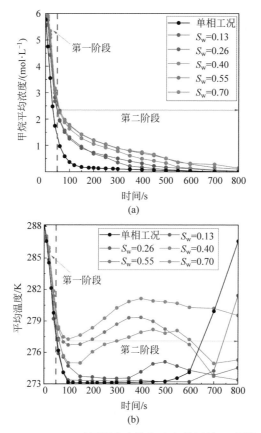

**图 5.12　$Pe = 0.25$ 时不同含水饱和度条件下的(a)甲烷平均
浓度变化曲线；(b)储层平均温度变化曲线**

　　为了量化不同含水饱和度条件下的传热限制作用和传质限制作用,本书进行了三种过程的计算:①单相、等温条件下的水合物分解过程,不考虑传热限制作用和储层含水导致的传质限制作用;②多相、等温条件下的水合物分解过程,不考虑传热限制作用;③多相、考虑反应吸热的水合物分解过程。在特定时刻($t=100$ s),通过比较过程①和过程②的水合物分解率,可以量化储层中的水带来的传质限制作用;通过比较过程②和过程③的水合物分解率,可以量化反应吸热带来的传热限制作用。比较结果如图 5.13 所示,随着储层初始含水饱和度的升高,传质限制作用更加显著,传热限制作用有所减弱。正是传质限制作用和传热限制作用的相互竞争机制,导致高 Pe 数工况下不同含水饱和度条件的水合物分解速率基本一致。

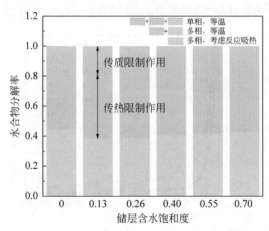

图 5.13　$t=100$ s 时不同工况下水合物分解率柱状图(其中粉色高度表示传质限制作用的程度,蓝色高度表示传热限制作用的程度,$Pe=0.25$)

2. 低流速工况

　　接下来,本书针对低注气速率($Pe=2.5\times10^{-3}$)条件下不同初始含水饱和度的多相工况水合物分解过程进行研究,此时扩散是决定甲烷浓度变化的主导因素。图 5.14 展示了 $S_w=0.13$ 时分解过程中甲烷浓度和温度分布的变化情况。在分解初始阶段($t=10$ s),由于储层中存在气相连续通路,气体扩散导致入口附近甲烷浓度降低,此时分解过程与纯单相工况基本一致。随着分解的进行,由于注气速率较慢,分解反应生成的水在上游孔隙结构中累积,覆盖在水合物表面带来传质限制作用阻碍水合物分解的进行。

如图 5.15 所示,与纯单相工况相比($t=100$ s 时),由于上游水中的传质限制作用,扩散过程更加缓慢,储层下游的甲烷浓度仍保持较高的水平,导致分解速率与单相工况相比显著降低。由于甲烷浓度变化需要通过扩散过程缓慢向前推进,因而水合物分解前缘也是缓慢向前推进的,分解过程展现出与单相工况相似的"平面型分解"模式。

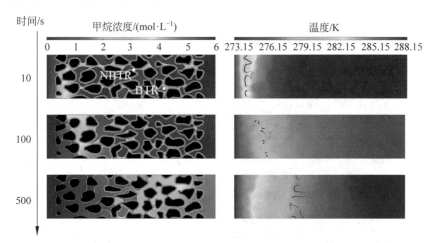

图 5.14　初始含水饱和度 $S_w=0.13$,注气速率 $Pe=2.5\times10^{-3}$ 工况下甲烷浓度分布与温度分布随时间演化规律

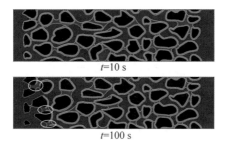

图 5.15　不同时刻储层中的气水分布(黄色圆圈内为分解反应生成的水)

当初始含水饱和度较高时($S_w=0.55$),如图 5.16 所示,由于初始时刻储层孔隙结构大部分被水占据且注气速率较慢,气水界面位置随着 N_2 的注入缓慢向前推进,此时扩散仍为浓度变化的主导因素。由于水中甲烷的扩散系数较低,虽然上游的气相中甲烷浓度能够降低到较低的水平,但下游

的甲烷浓度由于水的传质限制作用始终保持较高的水平,因而下游处水合物基本不分解。由于水相中只有靠近相界面的位置甲烷浓度较低,水合物的分解前缘集中在相界面附近。随着 N_2 的注入,相界面位置缓慢向前推进,水合物分解前缘的位置也随之向前推进,分解过程仍呈现"平面型分解"模式。从温度云图可以看出,在高含水饱和度-低流速的工况下,反应吸热导致的温度降低并不明显,此时传热限制作用对水合物分解速率的影响不够显著,传质限制作用是阻碍水合物分解的主导因素。

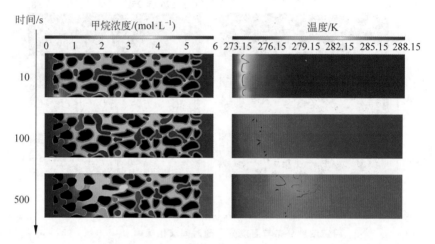

图 5.16　初始含水饱和度 $S_w = 0.55$,注气速率 $Pe = 2.5 \times 10^{-3}$ 工况下甲烷浓度分布与温度分布随时间演化规律

　　为了进一步明确低流速条件下水合物分解的控制机制,本书针对图 5.14 标注的两个代表性位置,即封闭气泡区位置标记点 BTR 以及非封闭气泡区位置标记点 NBTR,绘制 $C\text{-}T$ 轨迹图,如图 5.17 所示。从图 5.17(a)可以得到,对于 NBTR 点,甲烷浓度直到 $t = 100$ s 时才开始下降,与图 5.10(a) PFR 点甲烷浓度的快速下降有明显差别;这是由于流速较低时,甲烷浓度是扩散控制的,进口处的浓度需要通过扩散过程缓慢传播到下游。随后,NBTR 点处的甲烷浓度和温度沿着相平衡线缓慢下降,直到 $t = 800$ s 时才达到相平衡线以下的位置。对于 BTR 点,甲烷浓度下降的速率更加缓慢,且由于传热的作用使温度降低比较明显,导致 $t = 1000$ s 时,BTR 点处的浓度、温度条件仍未达到相平衡线;说明当注气速率较慢时,虽然初始含水饱和度不高,但传质限制作用仍十分明显,减慢了水合物的分解进程。

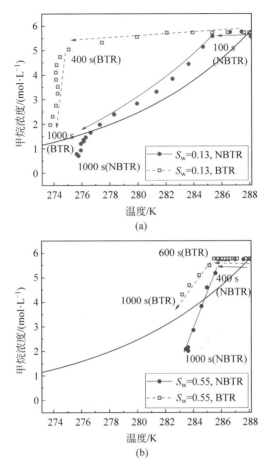

图 5.17　NBTR 和 BTR 位置处的 *C-T* 轨迹图

(a) $S_w = 0.13$；(b) $S_w = 0.55$

当初始含水饱和度 $S_w = 0.55$ 时,NBTR 和 BTR 处的甲烷浓度分别在 $t = 400$ s 和 $t = 600$ s 时开始降低,与 $S_w = 0.13$ 的工况相比,甲烷浓度变化更缓慢,传质限制作用更强;同时可以看到在 $t = 800$ s 时,NBTR 和 BTR 位置处温度仅降低了 5 K,说明此时传热限制作用被削弱。比较图 5.17(a) 和图 5.17(b)可知,当注气速率较低时,随着含水饱和度的变化,传热与传质限制作用的竞争机制发生了非常显著的变化:随着含水饱和度的升高,水合物分解过程由传热、传质共同限制转变为以传质限制为主的控制机制。

　　同样地,本书绘制了低注气速率时不同初始含水饱和度条件下的水合物饱和度变化曲线、平均甲烷浓度变化曲线及平均温度变化曲线,如图 5.18 和图 5.19 所示。从图 5.18 可得,在低注气速率条件下,在考虑储层含水及反应产水的影响后,水合物饱和度曲线基本呈线性缓慢下降,且与单相工况相比分解速率明显减低,说明了水中的传质限制作用对水合物分解速率起到了显著的影响。比较不同储层初始含水饱和度的水合物饱和度变化曲线,可以发现不同含水饱和度下水合物的分解速率差别不大。从图 5.19 可以看出,随着含水饱和度的增加,储层中甲烷浓度降低的速率明显变慢,而储层温度的降低却得到了缓解,这是由于含水饱和度较高时储层的比热容升高,同时传质限制作用降低了分解速率,水合物分解反应吸热量减少,因而温度降低幅度减小。随着含水饱和度的升高,传质限制作用在不断加剧,而传热限制作用逐渐减弱,二者的影响相互叠加导致了不同含水饱和度下分解速率是相近的。

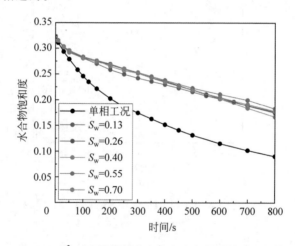

图 5.18　$Pe=2.5\times10^{-3}$ 时不同初始含水饱和度条件下的水合物饱和度变化曲线

　　图 5.20 量化了低注气速率、不同含水饱和度条件下的传质限制作用和传热限制作用。当含水饱和度较低时($S_w=0.13$),传质限制作用和传热限制作用有着相当的量级,共同影响了水合物的分解速率。随着储层含水饱和度不断升高,传热限制作用逐渐减弱,而传质限制作用不断增强,成为影响水合物分解速率的主导因素。同时,对比图 5.20 与图 5.13 可知,提高注气速率能有效减弱传质限制作用的影响,进而提高水合物的分解速率。

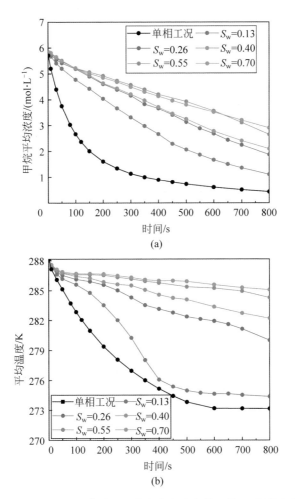

图 5.19　$Pe=2.5\times10^{-3}$ 时不同含水饱和度条件下的 (a) 甲烷平均浓度
变化曲线；(b) 储层平均温度变化曲线

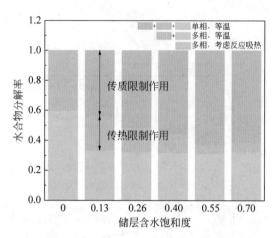

图 5.20 $t=500$ s 时不同工况下水合物分解率柱状图($Pe=2.5\times10^{-3}$)

5.3.3   考虑气水运移影响的水合物分解模式图

图 5.21 总结了不同含水饱和度 S_w、不同注气速率(由 Pe 数表征)条件下水合物分解机理,基于水合物分解模式以及传热、传质控制机制,划分了五个不同的分解机理区域:

首先,$Pe\approx O(10^{-2})$ 这条边界划分了上、下两个子区域。当 $Pe>O(10^{-2})$ 时,甲烷浓度变化是对流控制的,纯单相工况下水合物分解模式为"锥形分解";多相工况下,水合物分解模式为"虫洞型分解"。在单相工况的"锥形分解"模式下,传质是由对流主导的,传热限制作用是影响水合物分解速率的主导因素。而在多相工况的"虫洞型分解"模式下,储层分为优势主流区和封闭气泡区,在优势主流区传质是由对流主导的,而在封闭气泡区传质是由跨相扩散过程主导的;水合物分解速率是由传质限制作用和传热限制作用共同决定的。

再者,当 $Pe<O(10^{-2})$ 时,传质过程主要是扩散控制的,在不同含水饱和度条件下,水合物分解模式都是"平面型分解"的。纯单相工况下,水合物分解受到传热限制作用的影响;而在多相工况下,基于限制水合物分解速率的主导因素,可由 $S_w=0.50$ 划分为两个区域。当 $S_w<0.5$ 时,传热和传质限制作用共同影响水合物的分解速率;当 $S_w>0.5$ 时,传热的限制作用较弱,传质限制作用是影响水合物分解的主导因素。

上述分解模式相图能够为 REV 尺度研究提供重要的指导意义,基于

不同的水合物注 N_2 分解模式及对应的主导控制机理,在 REV 尺度模拟过程中可针对性地对相关计算模型进行选择和修正(如第 3 章所提到的基于传质限制作用对反应模型的修正,以及后文针对不同分解模式的渗流模型的选取等),从而提高 REV 尺度研究的准确性及可靠性。

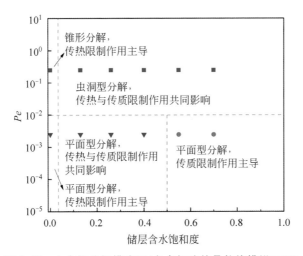

图 5.21　水合物分解模式图(各点标注的是数值模拟工况)

5.3.4　考虑分解模式的渗流模型及水合物表面积模型

在绘制了水合物分解模式图后,本节针对不同的水合物分解模式计算 REV 尺度模型参数,包括绝对渗透率和水合物表面积随水合物饱和度的变化规律,即渗流模型和水合物表面积模型。图 5.22 展示了不同水合物分解模式(锥形、平面型、虫洞型)下,归一化的绝对渗透率 K(通过与 $S_{hyd}=0$ 时的渗透率作比值获得)随水合物饱和度的变化曲线,其中渗透率通过格子玻尔兹曼方法计算获得。对于"虫洞型分解"模式,渗透率曲线表现出分段的特征:当 $S_{hyd}>0.2$ 时,水合物的分解主要发生在优势主流区,随着优势通道被拓宽,储层多孔介质的渗透率增长迅速;当优势主流区的水合物全部分解后($S_{hyd}<0.2$),封闭气泡区的水合物开始缓慢分解,这种缓慢且均匀的分解方式并未拓宽流道,而是缓慢地增大孔喉尺寸,因而渗透率增长速度变慢。相比于"虫洞型分解"模式,"锥形分解"模式下的渗透率曲线未出现分段情况,由于这种分解模式的优势通道没有"虫洞型分解"的优势通道显著,因而渗透率曲线的斜率相对平缓。"平面型分解"模式下,水合物分解前

缘是平行且缓慢向前推进的,这种分解模式未能产生优势通道,水合物的分解对水合物储层渗透率的提升不大,因而渗透率曲线最为平缓。

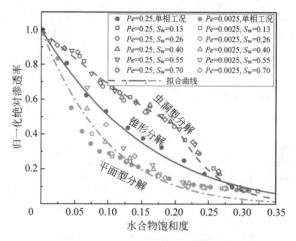

图 5.22　不同分解模式下水合物储层渗透率随水合物饱和度变化曲线

已有的水合物储层渗透率相关研究主要针对特定的水合物结构,很少考虑到水合物分解过程实时的结构演化规律,更未对不同的分解模式进行针对性的讨论。为了改进已有的渗透率模型,本书利用 Tokyo 模型拟合计算渗透率 K-水合物饱和度 S_{hyd} 关系模型[273]:

$$K = (1 - S_{hyd})^N \tag{5.3}$$

其中,N 为拟合参数。考虑到"虫洞型分解"模式下水合物储层渗透率曲线是分段的,因而对应的渗透率模型也采用分段形式:

$$K = \begin{cases} a(1 - S_{hyd})^{N_1}, & S_{hyd} > 0.2 \\ (1 - S_{hyd})^{N_2}, & S_{hyd} \leqslant 0.2 \end{cases} \tag{5.4}$$

最终拟合获得的渗透率曲线如图 5.22 所示。对于"锥形分解"模式,拟合参数 $N = 6.45$,拟合误差在 10% 左右;对于"平面型分解"模式,拟合参数 $N = 9.00$,不同工况的拟合误差在 25%～30%;对于"虫洞型分解"模式,拟合参数 $N_1 = 13.12$,$N_2 = 3.55$,$a = 8.46$,不同工况下的拟合误差在 10% 左右。在以往的渗透率模型研究中,Chen 等[153]的拟合结果为 $N = 6.20$,与本书"锥形分解"模式下的拟合结果相近,而对于"平面型分解"和"虫洞型分解"模式下的水合物储层渗透率不能准确地计算,这是由于不同分解模式下储层水合物结构演化的非均质性不同导致的。因而在实际的 REV 模拟过程中,有必要根据不同注采策略对应的分解模式,采用不同的渗流模型进行计算。

图 5.23 统计了不同 Pe 数、不同含水饱和度条件下水合物表面积的演化情况。从图 5.23 中可以看出,对于各个分解模式,水合物表面积变化曲线是相近的,说明不同的分解模式对表面积变化的影响不大,这与第 3 章中关于水合物表面积变化规律的结论是一致的。因而本书利用同一条曲线来拟合水合物表面积曲线[186]:

$$A_s = b \cdot S_{\text{hyd}}^m \tag{5.5}$$

在拟合过程中,各个工况下的拟合结果的平均值为 $m=0.85, b=3.28 \times 10^{-6} \text{ m}^2$,将这组平均值作为水合物表面积变化曲线最终的拟合结果,其曲线如图 5.23 所示,拟合误差在 20% 以内。

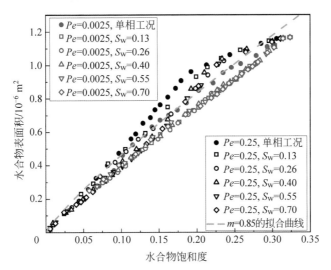

图 5.23　不同分解模式下水合物表面积随水合物饱和度变化曲线

5.4　本章小结

本章针对注 N_2 驱替法分解水合物的过程进行孔隙尺度数值研究,讨论气水运移规律对水合物分解行为特性的影响,主要研究内容和结论如下:

(1) 通过纯单相工况的研究,确定了水合物分解不同的控制区间,即 $Pe > O(10^{-2})$ 时的对流控制与 $Pe < O(10^{-2})$ 的扩散控制,对应的水合物分解模式分别为“锥形分解”和“平面型分解”,认识到传热限制作用是限制水

合物分解速率的主导因素。

（2）针对两组典型的注气速率（$Pe=0.25$ 与 $Pe=2.5\times10^{-3}$），开展了不同初始含水饱和度多相流动下水合物分解过程的研究。

当注气速率较高时（$Pe=0.25$），在不同含水饱和度的工况下，分解过程储层多孔介质均被划分为优势主流区和封闭气泡区，水合物分解模式为"虫洞型分解"。通过 $C\text{-}T$ 轨迹图的研究，明确了优势主流区的水合物分解速率主要受到传热限制作用的影响；而封闭气泡区的水合物分解速率同时受到传热限制作用和传质限制作用的影响。

当注气速率较低时（$Pe=2.5\times10^{-3}$），水合物的分解模式为"平面型分解"。基于 $C\text{-}T$ 轨迹图的分析，当初始含水饱和度较低时，传热和传质限制作用均对水合物分解速率产生影响；而初始含水饱和度较高时，传热的限制作用减弱，传质限制作用成为影响水合物分解速率的主导因素。

针对不同含水饱和度工况，对传热、传质限制作用进行了量化。当注气速率较高时，传热与传质限制作用相当，随着初始含水饱和度的升高，传质限制作用更加显著；当注气速率较低时，在高含水饱和度工况下，传质限制作用是影响水合物分解速率的主导因素。

（3）基于注气速率（Pe 数）与储层含水饱和度，绘制了水合物注 N_2 分解模式图，明确了五种典型的水合物分解模式及其控制机制，确定了不同分解模式的储层开采条件边界。

（4）针对不同的分解模式，计算了渗流模型、水合物表面积模型，并与传统基于水合物生成结构获得的渗流模型进行比较，说明了渗透率模型的选取需要考虑不同水合物分解模式下的结构演化规律。

第6章 结论与展望

6.1 结 论

本书为解决天然气水合物生产效率低下、生产预测困难等技术难题,围绕"天然气水合物分解热-流-化多场耦合热质传递机制及尺度升级模型"这一科学问题,针对天然气水合物分解开展孔隙尺度数值模拟研究,构建了孔隙尺度天然气水合物分解多场耦合数值模型并进行了验证,研究了天然气水合物分解的热质传递特性及控制机制,优化了天然气水合物生产预测渗流模型和动力学模型,主要结论如下:

(1) 基于格子玻尔兹曼方法,构建了耦合多相流动、跨相传质、共轭传热、化学反应、固相演化的数值模型,利用案例计算对数值模型的准确性进行了验证,实现了封闭体系中天然气水合物分解过程多场耦合问题的数值模型构建。

针对开放体系中的跨相传质问题,提出了连续组分输运-格子玻尔兹曼(CST-LB)模型,解决了格子玻尔兹曼方法计算开放体系跨相传质问题的建模难点,利用查普曼-恩斯库格展开,证明了 CST-LB 模型提出的理论依据。利用 CST-LB 模型,计算了典型跨相传质数值案例,验证了 CST-LB 模型计算跨相传质问题的准确性。

基于 CST-LB 跨相传质模型,提出了计算固相表面非均相化学反应的边界条件处理格式;同时,针对多组分多相伪势模型,提出了改进的润湿边界处理格式:局部平均虚拟密度格式,用于提高固相表面附近相分数计算的准确性。针对多相体系中的非均相反应-跨相传质问题进行数值案例比较研究,验证了非均相化学反应边界条件处理格式的准确性;同时,通过比较研究,说明了采用局部平均虚拟密度格式计算润湿边界的必要性。利用上述 CST-LB 模型及非均相化学反应边界条件处理格式,实现了开放体系中水合物分解过程多场耦合问题数值模型的构建。

(2) 利用封闭体系多场耦合格子玻尔兹曼方法数值模型,精准模拟了天然气水合物分解过程。通过模拟含气泡方腔内的水合物降压分解过程，认识了跨相传质、共轭传热和相态分布对水合物分解过程的影响机制，探究了扩散控制和反应控制机制下水合物分解行为特征；认识到了扩散控制条件下，水合物表面水层厚度的增厚降低了水合物分解的表观速率；明确了反应吸热导致的温度降低显著影响了水合物采收率，证明了水合物分解过程局部温差可以忽略，满足局部热平衡的假设。通过模拟水合物降压分解孔隙尺度实验，明确了天然气水合物实际分解过程的控制区间为扩散控制，指出了甲烷在水中扩散的传质限制作用是影响水合物分解速率的主导因素，纠正了已有研究认为水合物表面积变化是水合物分解速率降低的主要因素这一不准确的认识。

利用开放体系多场耦合格子玻尔兹曼方法数值模型，通过模拟多孔介质储层中利用注 N_2 驱替法分解水合物的过程，探究了气水运移规律对水合物分解行为的影响；明确了不同含水饱和度、不同注气速率条件下的气水运移规律及水合物分解模式，即"锥形分解""平面型分解"与"虫洞型分解"；量化了不同分解模式下传热传质的限制作用与竞争关系；明确了当注气速率较高时，传热与传质限制作用相当，随着初始含水饱和度的升高，传质限制作用更加显著；当注气速率较低时，在高含水饱和度工况下，传质限制作用是影响水合物分解速率的主导因素。首次绘制了基于储层含水饱和度与注气速率（Pe 数）的水合物注 N_2 分解模式相图，明确了不同水合物分解模式及对应控制机制的边界。通过对水合物分解过程的孔隙尺度数值模拟研究，认识了水合物分解过程的控制机制，为天然气水合物开采方案的改进提供了理论基础。

（3）针对天然气水合物生产预测，根据对水合物分解控制机制的认识，提出了基于等效水层厚度修正的表观反应动力学模型，从而将水层传质限制作用引入到表征单元体积（REV）尺度生产预测数值模拟中，使 REV 尺度动力学模型的修正具有更明确的物理意义。通过数值案例证明了该动力学模型能够获得准确可靠的生产预测结果。

针对不同的水合物注 N_2 分解模式，计算了渗流模型、水合物表面积型等生产预测模型参数。对于已有渗流模型仅根据水合物生成结构，而未考虑不同水合物分解模式带来的结构演化差异进行了改进。明确了在天然气水合物生产预测过程中，渗流模型需要根据水合物分解模式进行选取。通过对渗流模型、动力学模型等参数的尺度升级研究，为天然气水合物生产预测准确性的提高提供了基础。

6.2　本书的创新点

（1）构建了天然气水合物分解的多场耦合格子波尔兹曼（LB）数值模型。提出了连续组分输运-格子玻尔兹曼混合模型（CST-LB）及其非均相反应边界格式、多组分多相伪势模型的改进润湿边界格式，解决了大密度比、多组分多相开放体系非均相反应计算的数值难题。

（2）揭示了甲烷在水中扩散传质是水合物分解过程的控制因素，获得了不同气水运移条件下基于佩克莱（Pe）数与含水饱和度的天然气水合物分解模式及控制规律。

（3）提出了引入传质控制作用的水合物分解动力学模型，获得了不同分解模式下的渗流模型和水合物表面积模型，有助于提高天然气水合物生产预测模型的准确性。

6.3　研　究　展　望

本书针对天然气水合物分解过程开展了孔隙尺度数值研究，认识了分解过程中多物理化学机理对水合物分解行为的影响机制，获得了渗流模型、动力学模型等生产预测参数，但相关研究仍存在一定的局限性：首先，本书所研究的对象均为二维多孔介质结构，未能考虑三维实际储层结构中水合物赋存形态及分解规律；其次，在数值模拟过程中，本书未考虑结冰或水合物二次生成带来的影响，未讨论其他不同赋存形态（如颗粒悬浮型结构）条件下水合物分解过程的动态演化规律；最后，本书提出的 REV 尺度生产预测模型仍需结合实验室尺度或现场尺度研究，进行进一步的验证。

针对本书目前存在的局限性，后续的研究将围绕以下科学问题开展：

（1）针对 CST-LB 模型，提出三维离散速度模型下的计算格式；

（2）基于多场耦合数值模型，实现大规模并行计算，提高数值计算效率，结合数字岩心技术，开展三维实际储层结构中水合物分解过程的数值模拟研究；

（3）结合三维孔隙尺度研究与实验室尺度研究，进一步开展尺度升级工作。

参 考 文 献

［1］ 中国政府网.中共中央 国务院关于完整准确全面贯彻新发展理念做好碳达峰碳
中和工作的意见［R/OL］.［2023-06-29］. https://www. gov. cn/zhengce/2021-10/
24/content_5644613. htm.

［2］ 杨磊.气体水合物相变过程微观结构演变及对宏观物性影响［D］.大连：大连理
工大学,2017.

［3］ 徐坤.置换开采天然气水合物实验研究［D］.大连：大连理工大学,2013.

［4］ SLOAN E D. Fundamental principles and applications of natural gas hydrates［J］.
Nature,2003,426(6964)：353-359.

［5］ SONG Y,YANG L,ZHAO J,et al. The status of natural gas hydrate research in
China：A review［J］. Renewable and Sustainable Energy Reviews, 2014, 31：
778-791.

［6］ SUN C,LI W,YANG X,et al. Progress in research of gas hydrate［J］. Chinese
Journal of Chemical Engineering,2011,19(1)：151-162.

［7］ MAKOGON Y F,HOLDITCH S A,MAKOGON T Y. Natural gas-hydrates — A
potential energy source for the 21st century［J］. Journal of Petroleum Science and
Engineering,2007,56(1)：14-31.

［8］ LEE S Y, HOLDER G D. Methane hydrates potential as a future energy source
［J］. Fuel Processing Technology,2001,71(1)：181-186.

［9］ LEE J Y,RYU B J,YUN T S,et al. Review on the gas hydrate development and
production as a new energy resource［J］. KSCE Journal of Civil Engineering,2011,
15(4)：689-696.

［10］ CUI Y,LU C,WU M,et al. Review of exploration and production technology of
natural gas hydrate［J］. Advances in Geo-Energy Research,2018,2(1)：53-62.

［11］ CHONG Z R,YANG S H B,BABU P,et al. Review of natural gas hydrates as an
energy resource：Prospects and challenges ［J］. Applied Energy, 2016, 162：
1633-1652.

［12］ WEI J,FANG Y,LU H,et al. Distribution and characteristics of natural gas
hydrates in the Shenhu Sea Area,South China Sea［J］. Marine and Petroleum
Geology,2018,98：622-628.

［13］ LIU C,MENG Q,HE X,et al. Characterization of natural gas hydrate recovered
from Pearl River Mouth basin in South China Sea［J］. Marine and Petroleum

Geology,2015,61：14-21.

[14] CUI H,SU X,LIANG J,et al. Microbial diversity in fracture and pore filling gas hydrate-bearing sediments at Site GMGS2-16 in the Pearl River Mouth Basin,the South China Sea [J]. Marine Geology,2020,427：106264.

[15] 叶建良,秦绪文,谢文卫,等.中国南海天然气水合物第二次试采主要进展[J].中国地质,2020,47(03)：557-568.

[16] 王大锐.我国天然气水合物开发前景一片光明——访中国科学院院士戴金星先生[J].石油知识,2018,(02)：6-7.

[17] 刘建辉,李占东,赵佳彬.神狐海域天然气水合物研究新进展[J].矿产与地质,2021,35(03)：596-602.

[18] 李淑霞,于笑,李爽,等.神狐水合物藏降压开采产气量预测及增产措施研究[J].中国海上油气,2020,32(06)：122-127.

[19] 佚名.我国南海海域天然气水合物试采圆满结束[J].地质装备,2017,18(05)：3.

[20] 天工.我国海域天然气水合物第二轮试采成功[J].地质装备,2020,21(03)：3.

[21] 程传晓.天然气水合物沉积物传热特性及对开采影响研究[D].大连：大连理工大学,2015.

[22] NIU M,WU G,YIN Z,et al. Effectiveness of CO_2-N_2 injection for synergistic CH_4 recovery and CO_2 sequestration at marine gas hydrates condition [J]. Chemical Engineering Journal,2021,420：129615.

[23] COLLETT T S. Energy resource potential of natural gas hydrates [J]. AAPG bulletin,2002,86(11)：1971-1992.

[24] WANG Y,LI X-S,LI G,et al. A three-dimensional study on methane hydrate decomposition with different methods using five-spot well [J]. Applied Energy,2013,112：83-92.

[25] PANG W X,XU W Y,SUN C Y,et al. Methane hydrate dissociation experiment in a middle-sized quiescent reactor using thermal method [J]. Fuel,2009,88(3)：497-503.

[26] JI C,AHMADI G,SMITH D H. Natural gas production from hydrate decomposition by depressurization [J]. Chemical Engineering Science,2001,56(20)：5801-5814.

[27] YUAN Q,SUN C,YANG X,et al. Gas production from methane-hydrate-bearing sands by ethylene glycol injection using a three-dimensional reactor [J]. Energy & Fuels,2011,25(7)：3108-3115.

[28] DONG F,ZANG X,LI D,et al. Experimental investigation on propane hydrate dissociation by high concentration methanol and ethylene glycol solution injection [J]. Energy & Fuels,2009,23(3)：1563-1567.

[29] ZHANG L,YANG L,WANG J,et al. Enhanced CH_4 recovery and CO_2 storage via thermal stimulation in the CH_4/CO_2 replacement of methane hydrate [J]. Chemical Engineering Journal,2017,308：40-49.

[30] SUN L, WANG T, DONG B, et al. Pressure oscillation controlled CH_4/CO_2 replacement in methane hydrates: CH_4 recovery, CO_2 storage, and their characteristics [J]. Chemical Engineering Journal, 2021: 129709.

[31] LI S, ZHANG G, DAI Z, et al. Concurrent decomposition and replacement of marine gas hydrate with the injection of CO_2-N_2 [J]. Chemical Engineering Journal, 2021, 420: 129936.

[32] ZHAO J, ZHANG L, CHEN X, et al. Combined replacement and depressurization methane hydrate recovery method [J]. Energy Exploration & Exploitation, 2016, 34(1): 129-139.

[33] MEREY S, AL-RAOUSH R I, JUNG J, et al. Comprehensive literature review on CH_4-CO_2 replacement in microscale porous media [J]. Journal of Petroleum Science and Engineering, 2018, 171: 48-62.

[34] 王坤芳. 反应釜内天然气水合物降压分解过程数值模拟研究 [D]. 哈尔滨: 哈尔滨工程大学, 2018.

[35] TANG L G, XIAO R, HUANG C, et al. Experimental investigation of production behavior of gas hydrate under thermal stimulation in unconsolidated sediment [J]. Energy & Fuels, 2005, 19(6): 2402-2407.

[36] LI D-L, LIANG D-Q, FAN S-S, et al. In situ hydrate dissociation using microwave heating: Preliminary study [J]. Energy Conversion and Management, 2008, 49(8): 2207-2213.

[37] CASTALDI M J, ZHOU Y, YEGULALP T M. Down-hole combustion method for gas production from methane hydrates [J]. Journal of Petroleum Science and Engineering, 2007, 56(1-3): 176-185.

[38] LI B, LI G, LI X-S, et al. Gas production from methane hydrate in a pilot-scale hydrate simulator using the huff and puff method by experimental and numerical studies [J]. Energy & Fuels, 2012, 26(12): 7183-7194.

[39] 马小晶. 储层物性对甲烷水合物分解影响的模型研究 [D]. 大连: 大连理工大学, 2014.

[40] WANG P, YANG M, JIANG L, et al. Effects of multiple factors on methane hydrate reformation in a porous medium [J]. ChemistrySelect, 2017, 2(21): 6030-6035.

[41] WANG P, YANG M, CHEN B, et al. Methane hydrate reformation in porous media with methane migration [J]. Chemical Engineering Science, 2017, 168: 344-351.

[42] WANG X, DONG B, WANG F, et al. Pore-scale investigations on the effects of ice formation/melting on methane hydrate dissociation using depressurization [J]. International Journal of Heat and Mass Transfer, 2019, 131: 737-749.

[43] WEI J, CHENG Y, YAN C, et al. Drilling parameter optimizing strategies to

prevent hydrate decomposition risks [J]. Applied Thermal Engineering, 2019, 146: 405-412.

[44]　SUESS E. Marine cold seeps and their manifestations: Geological control, biogeochemical criteria and environmental conditions [J]. International Journal of Earth Sciences, 2014, 103(7): 1889-1916.

[45]　CHENG Y-F, LI L-D, MAHMOOD S, et al. Fluid-solid coupling model for studying wellbore instability in drilling of gas hydrate bearing sediments [J]. Applied Mathematics and Mechanics, 2013, 34(11): 1421-1432.

[46]　WANG F, ZHAO B, LI G. Prevention of potential hazards associated with marine gas hydrate exploitation: A review [J]. Energies, 2018, 11(9): 2384.

[47]　ANDERSON B J, KURIHARA M, WHITE M D, et al. Regional long-term production modeling from a single well test, Mount Elbert gas hydrate stratigraphic test well, Alaska North Slope [J]. Marine and Petroleum Geology, 2011, 28(2): 493-501.

[48]　吴能友,李彦龙,万义钊,等. 海域天然气水合物开采增产理论与技术体系展望 [J]. 天然气工业, 2020, 40(08): 100-115.

[49]　YANG J, DAI X, XU Q, et al. Pore-scale study of multicomponent multiphase heat and mass transfer mechanism during methane hydrate dissociation process [J]. Chemical Engineering Journal, 2021, 423: 130206.

[50]　YANG J, XU Q, LIU Z, et al. Pore-scale study of the multiphase methane hydrate dissociation dynamics and mechanisms in the sediment [J]. Chemical Engineering Journal, 2022, 430: 132786.

[51]　KIM H, BISHNOI P R, HEIDEMANN R A, et al. Kinetics of methane hydrate decomposition [J]. Chemical Engineering Science, 1987, 42(7): 1645-1653.

[52]　TSUJI Y, FUJII T, HAYASHI M, et al. Methane-hydrate occurrence and distribution in the eastern Nankai Trough, Japan: Findings of the Tokai-oki to Kumano-nada methane-hydrate drilling program [J]. AAPG Memoir, 2009: 228-246.

[53]　YAMAMOTO K, WANG X X, TAMAKI M, et al. The second offshore production of methane hydrate in the Nankai Trough and gas production behavior from a heterogeneous methane hydrate reservoir [J]. RSC Advances, 2019, 9(45): 25987-26013.

[54]　SASSEN R, SWEET S T, MILKOV A V, et al. Stability of thermogenic gas hydrate in the Gulf of Mexico: Constraints on models of climate change [J]. Geophysical Monograph Series, 2000, 124: 131-143.

[55]　BOSWELL R, SCHODERBEK D, COLLETT T S, et al. The Iġnik Sikumi Field experiment, Alaska North Slope: Design, operations, and implications for CO_2-CH_4 exchange in gas hydrate reservoirs [J]. Energy & Fuels, 2016, 31(1): 140-153.

[56]　COLLETT T S. Detailed evaluation of gas hydrate reservoir properties using JAPEX/JNOC/GSC Mallik 2L-38 gas hydrate research well downhole well-log displays [J]. Bulletin of the Geological Survey of Canada,1999,(544): 295-311.

[57]　COLLETT T S,BOSWELL R,COCHRAN J R,et al. Geologic implications of gas hydrates in the offshore of India: Results of the National Gas Hydrate Program Expedition 01 [J]. Marine and Petroleum Geology,2014,58: 3-28.

[58]　BAHK J-J,KIM J-H,KONG G-S,et al. Occurrence of near-seafloor gas hydrates and associated cold vents in the Ulleung Basin,East Sea [J]. Geosciences Journal, 2010,13(4): 371-385.

[59]　PINERO E, HENSEN C, HAECKEL M, et al. 3-D numerical modelling of methane hydrate accumulations using PetroMod [J]. Marine and Petroleum Geology,2016,71: 288-295.

[60]　FENG Y,CHEN L,SUZUKI A,et al. Numerical analysis of gas production from layered methane hydrate reservoirs by depressurization [J]. Energy,2019,166: 1106-1119.

[61]　KONNO Y, MASUDA Y, HARIGUCHI Y, et al. Key factors for depressurization-induced gas production from oceanic methane hydrates [J]. Energy & Fuels,2010,24(3): 1736-1744.

[62]　IDRESS M,JASAMAI M,SYIMIR AFANDI M. Modelling on gas hydrate kinetics in presence of saline water in porous media [J]. Materials Today: Proceedings,2018,5(10): 21682-21689.

[63]　刘笛. 多孔介质中天然气水合物分解过程传热分析 [D]. 大连：大连理工大学,2014.

[64]　REN X,GUO Z,NING F,et al. Permeability of hydrate-bearing sediments [J]. Earth-Science Reviews,2020,202: 103100.

[65]　LI X-S,XU C-G,ZHANG Y,et al. Investigation into gas production from natural gas hydrate: A review [J]. Applied Energy,2016,172: 286-322.

[66]　ZHOU Y,CASTALDI M J, YEGULALP T M. Experimental investigation of methane gas production from methane hydrate [J]. Industrial & Engineering Chemistry Research,2009,48(6): 3142-3149.

[67]　ZHAO J,ZHU Z,SONG Y,et al. Analyzing the process of gas production for natural gas hydrate using depressurization [J]. Applied Energy, 2015, 142: 125-134.

[68]　YANG X,SUN C-Y,YUAN Q,et al. Experimental study on gas production from methane hydrate-bearing sand by hot-water cyclic injection [J]. Energy & Fuels, 2010,24(11): 5912-5920.

[69]　YANG X,SUN C-Y,SU K-H,et al. A three-dimensional study on the formation and dissociation of methane hydrate in porous sediment by depressurization [J].

Energy Conversion and Management,2012,56: 1-7.

[70]　SU K,SUN C, YANG X, et al. Experimental investigation of methane hydrate decomposition by depressurizing in porous media with 3-Dimension device [J]. Journal of Natural Gas Chemistry,2010,19(3): 210-216.

[71]　SONG Y,CHENG C,ZHAO J,et al. Evaluation of gas production from methane hydrates using depressurization,thermal stimulation and combined methods [J]. Applied Energy,2015,145: 265-277.

[72]　LI X-S,ZHANG Y. Study on dissociation behaviors of methane hydrate in porous media based on experiments and fractional dimension shrinking-core model [J]. Industrial & Engineering Chemistry Research,2011,50(13): 8263-8271.

[73]　LI X-S, YANG B, ZHANG Y, et al. Experimental investigation into gas production from methane hydrate in sediment by depressurization in a novel pilot-scale hydrate simulator [J]. Applied Energy,2012,93: 722-732.

[74]　FENG J-C,WANG Y,LI X-S,et al. Effect of horizontal and vertical well patterns on methane hydrate dissociation behaviors in pilot-scale hydrate simulator [J]. Applied Energy,2015,145: 69-79.

[75]　CHONG Z R,YIN Z,TAN J H C,et al. Experimental investigations on energy recovery from water-saturated hydrate bearing sediments via depressurization approach [J]. Applied Energy,2017,204: 1513-1525.

[76]　YU L,XU Y,GONG Z, et al. Experimental study and numerical modeling of methane hydrate dissociation and gas invasion during drilling through hydrate bearing formations [J]. Journal of Petroleum Science and Engineering,2018,168: 507-520.

[77]　WANG B,DONG H, LIU Y, et al. Evaluation of thermal stimulation on gas production from depressurized methane hydrate deposits[J]. Applied Energy, 2018,227: 710-718.

[78]　LI X-Y,WANG Y, LI X-S, et al. Experimental study of methane hydrate dissociation in porous media with different thermal conductivities [J]. International Journal of Heat and Mass Transfer,2019,144: 118528.

[79]　XU C-G,YAN R,FU J,et al. Insight into micro-mechanism of hydrate-based methane recovery and carbon dioxide capture from methane-carbon dioxide gas mixtures with thermal characterization [J]. Applied Energy,2019,239: 57-69.

[80]　WANG Y,FENG J-C, LI X-S, et al. Fluid flow mechanisms and heat transfer characteristics of gas recovery from gas-saturated and water-saturated hydrate reservoirs [J]. International Journal of Heat and Mass Transfer,2018,118: 1115-1127.

[81]　LI B,LI X-S,LI G. Kinetic studies of methane hydrate formation in porous media based on experiments in a pilot-scale hydrate simulator and a new model [J].

Chemical Engineering Science,2014,105: 220-230.

[82] KOU X,WANG Y,LI X-S,et al. Influence of heat conduction and heat convection on hydrate dissociation by depressurization in a pilot-scale hydrate simulator [J]. Applied Energy,2019,251: 113405.

[83] WANG Y,LI X-S,LI G,et al. Experimental investigation into methane hydrate production during three-dimensional thermal stimulation with five-spot well system [J]. Applied Energy,2013,110: 90-97.

[84] WANG T,ZHANG L,SUN L,et al. Methane recovery and carbon dioxide storage from gas hydrates in fine marine sediments by using CH_4/CO_2 replacement [J]. Chemical Engineering Journal,2021,425: 131562.

[85] WAN Q-C,YIN Z,GAO Q,et al. Fluid production behavior from water-saturated hydrate-bearing sediments below the quadruple point of $CH_4 + H_2O$ [J]. Applied Energy,2022,305: 117902.

[86] ZHANG L, KUANG Y, ZHANG X, et al. Analyzing the process of gas production from methane hydrate via nitrogen injection [J]. Industrial & Engineering Chemistry Research,2017,56(26): 7585-7592.

[87] WANG P, WANG S, SONG Y, et al. Methane hydrate formation and decomposition properties during gas migration in porous medium [J]. Energy Procedia,2017,105: 4668-4673.

[88] WANG B,FAN Z,WANG P,et al. Analysis of depressurization mode on gas recovery from methane hydrate deposits and the concomitant ice generation [J]. Applied Energy,2018,227: 624-633.

[89] JIANG L,YU M,WU B,et al. Characterization of dissolution process during brine injection in Berea sandstones: An experiment study [J]. RSC Advances, 2016,6(115): 114320-114328.

[90] FAN Z,SUN C,KUANG Y,et al. MRI analysis for methane hydrate dissociation by depressurization and the concomitant ice generation [J]. Energy Procedia, 2017,105: 4763-4768.

[91] CHEN B,SUN H,ZHOU H,et al. Effects of pressure and sea water flow on natural gas hydrate production characteristics in marine sediment [J]. Applied Energy,2019,238: 274-283.

[92] YANG M,FU Z,JIANG L,et al. Gas recovery from depressurized methane hydrate deposits with different water saturations [J]. Applied Energy,2017,187: 180-188.

[93] 张永超,刘昌岭,吴能友,等. 含水合物沉积物孔隙结构特征与微观渗流模拟研究 [J]. 海洋地质前沿,2020,36(09): 23-33.

[94] CHEN L, YAMADA H, KANDA Y, et al. Numerical analysis of core-scale methane hydrate dissociation dynamics and multiphase flow in porous media [J].

Chemical Engineering Science,2016,153: 221-235.

[95] ZHAO J,LIU D, YANG M, et al. Analysis of heat transfer effects on gas production from methane hydrate by depressurization [J]. International Journal of Heat and Mass Transfer,2014,77: 529-541.

[96] ZHAO J,FAN Z,WANG B,et al. Simulation of microwave stimulation for the production of gas from methane hydrate sediment [J]. Applied Energy,2016, 168: 25-37.

[97] ZHAO J,FAN Z,DONG H,et al. Influence of reservoir permeability on methane hydrate dissociation by depressurization [J]. International Journal of Heat and Mass Transfer,2016,103: 265-276.

[98] YU M,LI W,JIANG L,et al. Numerical study of gas production from methane hydrate deposits by depressurization at 274 K [J]. Applied Energy,2018,227: 28-37.

[99] YU M,LI W,DONG B,et al. Simulation for the effects of well pressure and initial temperature on methane hydrate dissociation [J]. Energies, 2018, 11(5): 1179.

[100] WANG B,FAN Z,ZHAO J,et al. Influence of intrinsic permeability of reservoir rocks on gas recovery from hydrate deposits via a combined depressurization and thermal stimulation approach [J]. Applied Energy,2018,229: 858-871.

[101] SONG Y,KUANG Y,FAN Z,et al. Influence of core scale permeability on gas production from methane hydrate by thermal stimulation [J]. International Journal of Heat and Mass Transfer,2018,121: 207-214.

[102] ZACHAROUDIOU I,CHAPMAN E M,BOEK E S,et al. Pore-filling events in single junction micro-models with corresponding lattice Boltzmann simulations [J]. Journal of Fluid Mechanics,2017,824: 550-573.

[103] TAHMASEBI P,SAHIMI M,KOHANPUR A H,et al. Pore-scale simulation of flow of CO_2 and brine in reconstructed and actual 3D rock cores [J]. Journal of Petroleum Science and Engineering,2017,155: 21-33.

[104] SELL K,SAENGER E H,FALENTY A,et al. On the path to the digital rock physics of gas hydrate-bearing sediments - processing of in situ synchrotron-tomography data [J]. Solid Earth,2016,7(4): 1243-1258.

[105] SCANZIANI A,SINGH K, BULTREYS T, et al. In situ characterization of immiscible three-phase flow at the pore scale for a water-wet carbonate rock [J]. Advances in Water Resources,2018,121: 446-455.

[106] SCANZIANI A,SINGH K,BLUNT M J,et al. Automatic method for estimation of in situ effective contact angle from X-ray micro tomography images of two-phase flow in porous media [J]. Journal of Colloid and Interface Science,2017, 496: 51-59.

[107] SAXENA N,HOFMANN R,ALPAK F O,et al. References and benchmarks

for pore-scale flow simulated using micro-CT images of porous media and digital rocks [J]. Advances in Water Resources,2017,109: 211-235.

[108] RAEINI A Q, BIJELJIC B, BLUNT M J. Generalized network modeling: Network extraction as a coarse-scale discretization of the void space of porous media [J]. Physical Review E,2017,96(1-1): 013312.

[109] MOLINS S,TREBOTICH D, YANG L, et al. Pore-scale controls on calcite dissolution rates from flow-through laboratory and numerical experiments [J]. Environmental Science & Technology,2014,48(13): 7453-7460.

[110] MENKE H P,REYNOLDS C A,ANDREW M G,et al. 4D multi-scale imaging of reactive flow in carbonates: Assessing the impact of heterogeneity on dissolution regimes using streamlines at multiple length scales [J]. Chemical Geology,2018,481: 27-37.

[111] MENKE H P, BIJELJIC B, BLUNT M J. Dynamic reservoir-condition microtomography of reactive transport in complex carbonates: Effect of initial pore structure and initial brine pH [J]. Geochimica et Cosmochimica Acta, 2017,204: 267-285.

[112] MENKE H P,ANDREW M G,BLUNT M J,et al. Reservoir condition imaging of reactive transport in heterogeneous carbonates using fast synchrotron tomography — Effect of initial pore structure and flow conditions [J]. Chemical Geology,2016,428: 15-26.

[113] MAHABADI N,ZHENG X,YUN T S,et al. Gas bubble migration and trapping in porous media: Pore-scale simulation [J]. Journal of Geophysical Research: Solid Earth,2018,123(2): 1060-1071.

[114] LIN Q,BIJELJIC B, PINI R, et al. Imaging and measurement of pore-scale interfacial curvature to determine capillary pressure simultaneously with relative permeability [J]. Water Resources Research,2018,54(9): 7046-7060.

[115] LI J, JIANG H, WANG C, et al. Pore-scale investigation of microscopic remaining oil variation characteristics in water-wet sandstone using CT scanning [J]. Journal of Natural Gas Science and Engineering,2017,48: 36-45.

[116] IGLAUER S,LEBEDEV M. High pressure-elevated temperature X-ray micro-computed tomography for subsurface applications [J]. Advances in Colloid and Interface Science,2018,256: 393-410.

[117] HERRING A L,ANDERSSON L,NEWELL D L,et al. Pore-scale observations of supercritical CO_2 drainage in Bentheimer sandstone by synchrotron X-ray imaging [J]. International Journal of Greenhouse Gas Control,2014,25: 93-101.

[118] GRAY F,CEN J,BOEK E S. Simulation of dissolution in porous media in three dimensions with lattice Boltzmann,finite-volume,and surface-rescaling methods [J]. Physical Review E,2016,94(4-1): 043320.

[119] GRAY F, ANABARAONYE B, SHAH S, et al. Chemical mechanisms of dissolution of calcite by HCl in porous media: Simulations and experiment [J]. Advances in Water Resources, 2018, 121: 369-387.

[120] GAO Y, LIN Q, BIJELJIC B, et al. X-ray microtomography of intermittency in multiphase flow at steady state using a differential imaging method [J]. Water Resources Research, 2017, 53(12): 10274-10292.

[121] GALLAGHER P W. Corn ethanol growth in the USA without adverse foreign land-use change: Defining limits and devising policies [J]. Biofuels, Bioproducts and Biorefining, 2010, 4(3): 296-309.

[122] DOBSON K J, COBAN S B, MCDONALD S A, et al. 4-D imaging of sub-second dynamics in pore-scale processes using real-time synchrotron X-ray tomography [J]. Solid Earth, 2016, 7(4): 1059-1073.

[123] CHAUDHARY K, BAYANI CARDENAS M, WOLFE W W, et al. Pore-scale trapping of supercritical CO_2 and the role of grain wettability and shape [J]. Geophysical Research Letters, 2013, 40(15): 3878-3882.

[124] BULTREYS T, BOONE M A, BOONE M N, et al. Fast laboratory-based micro-computed tomography for pore-scale research: Illustrative experiments and perspectives on the future [J]. Advances in Water Resources, 2016, 95: 341-351.

[125] BAKHSHIAN S, HOSSEINI S A. Pore-scale analysis of supercritical CO_2-brine immiscible displacement under fractional-wettability conditions [J]. Advances in Water Resources, 2019, 126: 96-107.

[126] ANDREW M, BIJELJIC B, BLUNT M J. Pore-by-pore capillary pressure measurements using X-ray microtomography at reservoir conditions: Curvature, snap-off, and remobilization of residual CO_2 [J]. Water Resources Research, 2014, 50(11): 8760-8774.

[127] ANDREW M, BIJELJIC B, BLUNT M J. Pore-scale imaging of trapped supercritical carbon dioxide in sandstones and carbonates [J]. International Journal of Greenhouse Gas Control, 2014, 22: 1-14.

[128] ALPAK F O, GRAY F, SAXENA N, et al. A distributed parallel multiple-relaxation-time lattice Boltzmann method on general-purpose graphics processing units for the rapid and scalable computation of absolute permeability from high-resolution 3D micro-CT images [J]. Computational Geosciences, 2018, 22(3): 815-832.

[129] AL-KHULAIFI Y, LIN Q, BLUNT M J, et al. Pore-scale dissolution by CO_2 saturated brine in a multimineral carbonate at reservoir conditions: Impact of physical and chemical heterogeneity [J]. Water Resources Research, 2019, 55(4): 3171-3193.

[130] AKAI T, ALHAMMADI A M, BLUNT M J, et al. Modeling oil recovery in mixed-wet rocks: Pore-scale comparison between experiment and simulation [J]. Transport in Porous Media, 2018, 127(2): 393-414.

[131] ZHAO Z, ZHOU X P. Pore-scale effect on the hydrate variation and flow behaviors in microstructures using X-ray CT imaging [J]. Journal of Hydrology, 2020, 584: 124678.

[132] ZHAO Y, ZHAO J, SHI D, et al. Micro-CT analysis of structural characteristics of natural gas hydrate in porous media during decomposition [J]. Journal of Natural Gas Science and Engineering, 2016, 31: 139-148.

[133] ZHAO J, YANG L, LIU Y, et al. Microstructural characteristics of natural gas hydrates hosted in various sand sediments [J]. Physical Chemistry Chemical Physics, 2015, 17(35): 22632-22641.

[134] ZHANG L, GE K, WANG J, et al. Pore-scale investigation of permeability evolution during hydrate formation using a pore network model based on X-ray CT [J]. Marine and Petroleum Geology, 2020, 113: 104157.

[135] YOU K, FLEMINGS P B, MALINVERNO A, et al. Mechanisms of methane hydrate formation in geological systems [J]. Reviews of Geophysics, 2019, 57(4): 1146-1196.

[136] WU B, JIANG L, LIU Y, et al. Pore-scale mass transfer experiments in porous media by X-ray CT scanning [J]. Energy Procedia, 2017, 105: 5079-5084.

[137] WANG J, ZHANG L, GE K, et al. Characterizing anisotropy changes in the permeability of hydrate sediment [J]. Energy, 2020, 205: 117997.

[138] WANG D, LI Y, LIU C, et al. Study of hydrate occupancy, morphology and microstructure evolution with hydrate dissociation in sediment matrices using X-ray micro-CT [J]. Marine and Petroleum Geology, 2020, 113: 104138.

[139] SCHINDLER M, BATZLE M L, PRASAD M. Micro X-ray computed tomography imaging and ultrasonic velocity measurements in tetrahydrofuran-hydrate-bearing sediments [J]. Geophysical Prospecting, 2017, 65(4): 1025-1036.

[140] SADEQ D, IGLAUER S, LEBEDEV M, et al. Experimental pore-scale analysis of carbon dioxide hydrate in sandstone via X-ray micro-computed tomography [J]. International Journal of Greenhouse Gas Control, 2018, 79: 73-82.

[141] MA S, ZHENG J N, TANG D, et al. Application of X-ray computed tomography technology in gas hydrate [J]. Energy Technology, 2019, 7(6): 1800699.

[142] LIU L, ZHANG Z, LI C, et al. Hydrate growth in quartzitic sands and implication of pore fractal characteristics to hydraulic, mechanical, and electrical properties of hydrate-bearing sediments [J]. Journal of Natural Gas Science and Engineering, 2020, 75: 103109.

[143] LIN Z,DONG H,PAN H,et al. Study on the equivalence between gas hydrate digital rocks and hydrate rock physical models [J]. Journal of Petroleum Science and Engineering,2019,181：106241.

[144] LI C,HU G,ZHANG W,et al. Influence of foraminifera on formation and occurrence characteristics of natural gas hydrates in fine-grained sediments from Shenhu area,South China Sea [J]. Science China Earth Sciences,2016,59(11)：2223-2230.

[145] LEI L,SEOL Y,JARVIS K. Pore-scale visualization of methane hydrate-bearing sediments with micro-CT [J]. Geophysical Research Letters, 2018, 45 (11)：5417-5426.

[146] LEI L,SEOL Y, CHOI J-H, et al. Pore habit of methane hydrate and its evolution in sediment matrix—Laboratory visualization with phase-contrast micro-CT [J]. Marine and Petroleum Geology,2019,104：451-467.

[147] LEI L,SEOL Y. Pore-scale investigation of methane hydrate-bearing sediments under triaxial condition [J]. Geophysical Research Letters,2020,47(5)：GL086448.

[148] LEI L, SEOL Y. High-saturation gas hydrate reservoirs—A pore scale investigation of their formation from free gas and dissociation in sediments [J]. Journal of Geophysical Research：Solid Earth,2019,124(12)：12430-12444.

[149] KNEAFSEY T J,MORIDIS G J. X-ray computed tomography examination and comparison of gas hydrate dissociation in NGHP-01 expedition (India) and Mount Elbert (Alaska) sediment cores：Experimental observations and numerical modeling [J]. Marine and Petroleum Geology,2014,58：526-539.

[150] HOLLAND M,SCHULTHEISS P. Comparison of methane mass balance and X-ray computed tomographic methods for calculation of gas hydrate content of pressure cores [J]. Marine and Petroleum Geology,2014,58：168-177.

[151] HE G,LUO X,ZHANG H,et al. Pore-scale identification of multi-phase spatial distribution of hydrate bearing sediment [J]. Journal of Geophysics and Engineering,2018,15(5)：2310-2317.

[152] DONG H,SUN J,ARIF M,et al. A novel hybrid method for gas hydrate filling modes identification via digital rock [J]. Marine and Petroleum Geology,2020,115：104255.

[153] CHEN X,VERMA R,ESPINOZA D N,et al. Pore-scale determination of gas relative permeability in hydrate-bearing sediments using X-ray computed micro-tomography and lattice Boltzmann method [J]. Water Resources Research,2018,54(1)：600-608.

[154] CHEN X,ESPINOZA D N,LUO J S,et al. Pore-scale evidence of ion exclusion during methane hydrate growth and evolution of hydrate pore-habit in sandy sediments [J]. Marine and Petroleum Geology,2020,117：104340.

[155] CHAOUACHI M, FALENTY A, SELL K, et al. Microstructural evolution of gas hydrates in sedimentary matrices observed with synchrotron X-ray computed tomographic microscopy [J]. Geochemistry, Geophysics, Geosystems, 2015, 16(6): 1711-1722.

[156] CAI J, XIA Y, LU C, et al. Creeping microstructure and fractal permeability model of natural gas hydrate reservoir [J]. Marine and Petroleum Geology, 2020, 115: 104282.

[157] 许强辉. 稠油火驱燃烧前缘的焦炭理化特性与反应传递问题研究 [D]. 北京: 清华大学, 2017.

[158] LIU L, WU N, LIU C, et al. Maximum sizes of fluid-occupied pores within hydrate-bearing porous media composed of different host particles [J]. Geofluids, 2020, 2020: 1-14.

[159] ZHANG Z, LI C, NING F, et al. Pore fractal characteristics of hydrate-bearing sands and implications to the saturated water permeability [J]. Journal of Geophysical Research: Solid Earth, 2020, 125(3): JB018721.

[160] KOU X, LI X-S, WANG Y, et al. Distribution and reformation characteristics of gas hydrate during hydrate dissociation by thermal stimulation and depressurization methods [J]. Applied Energy, 2020, 277: 115575.

[161] YANG L, FALENTY A, CHAOUACHI M, et al. Synchrotron X-ray computed microtomography study on gas hydrate decomposition in a sedimentary matrix [J]. Geochemistry, Geophysics, Geosystems, 2016, 17(9): 3717-3732.

[162] SAHOO S K, MADHUSUDHAN B N, MARIN-MORENO H, et al. Laboratory insights into the effect of sediment-hosted methane hydrate morphology on elastic wave velocity from time-lapse 4-D synchrotron X-ray computed tomography [J]. Geochemistry, Geophysics, Geosystems, 2018, 19(11): 4502-4521.

[163] LE T-X, BORNERT M, AIMEDIEU P, et al. An experimental investigation on methane hydrate morphologies and pore habits in sandy sediment using synchrotron X-ray computed tomography [J]. Marine and Petroleum Geology, 2020, 122: 104646.

[164] KERKAR P B, HORVAT K, JONES K W, et al. Imaging methane hydrates growth dynamics in porous media using synchrotron X-ray computed microtomography [J]. Geochemistry, Geophysics, Geosystems, 2014, 15(12): 4759-4768.

[165] ALMENNINGEN S, FLATLANDSMO J, KOVSCEK A R, et al. Determination of pore-scale hydrate phase equilibria in sediments using lab-on-a-chip technology [J]. Lab Chip, 2017, 17(23): 4070-4076.

[166] ALMENNINGEN S, LYSYY M, ERSLAND G. Quantification of CH_4 hydrate

film growth rates in micromodel pores [J]. Crystal Growth & Design,2021, 21(7): 4090-4099.

[167] ALMENNINGEN S,IDEN E,FERNØ M A,et al. Salinity effects on pore-scale methane gas hydrate dissociation [J]. Journal of Geophysical Research: Solid Earth,2018,123(7): 5599-5608.

[168] MURAOKA M,YAMAMOTO Y. In situ chamber built for clarifying the relationship between methane hydrate crystal morphology and gas permeability in a thin glass micromodel cell [J]. Review of Scientific Instruments,2017, 88(6): 064503.

[169] MURAOKA M,YAMAMOTO Y,TENMA N. Simultaneous measurement of water permeability and methane hydrate pore habit using a two-dimensional glass micromodel [J]. Journal of Natural Gas Science and Engineering,2020,77: 103279.

[170] CHEN Y,SUN B,CHEN L,et al. Simulation and observation of hydrate phase transition in porous medium via microfluidic application [J]. Industrial & Engineering Chemistry Research,2019,58(12): 5071-5079.

[171] JI Y,HOU J,ZHAO E,et al. Pore-scale study on methane hydrate formation and dissociation in a heterogeneous micromodel [J]. Journal of Natural Gas Science and Engineering,2021,95: 104230.

[172] LV J,XUE K,ZHANG Z,et al. Pore-scale investigation of hydrate morphology evolution and seepage characteristics in hydrate bearing microfluidic chip [J]. Journal of Natural Gas Science and Engineering,2021,88: 103881.

[173] WANG S,CHENG Z,LIU Q,et al. Microscope insights into gas hydrate formation and dissociation in sediments by using microfluidics [J]. Chemical Engineering Journal,2021,425: 130633.

[174] YU P-Y,SEAN W-Y,YEH R-Y,et al. Direct numerical simulation of methane hydrate dissociation in pore-scale flow by using CFD method [J]. International Journal of Heat and Mass Transfer,2017,113: 176-183.

[175] SEAN W-Y,SATO T,YAMASAKI A,et al. CFD and experimental study on methane hydrate dissociation Part I. Dissociation under water flow [J]. AIChE Journal,2007,53(1): 262-274.

[176] ZHANG L,ZHANG C,ZHANG K,et al. Pore-scale investigation of methane hydrate dissociation using the lattice Boltzmann method [J]. Water Resources Research,2019,55(11): 8422-8444.

[177] SONG R,SUN S,LIU J,et al. Pore scale modeling on dissociation and transportation of methane hydrate in porous sediments [J]. Energy,2021, 237: 121630.

[178] WANG X,DONG B,LI W,et al. Microscale effects on methane hydrate

dissociation at low temperature in the micro porous media channels by depressurization [J]. International Journal of Heat and Mass Transfer, 2018, 122: 1182-1197.

[179] WANG X, DONG B, CHEN C, et al. Pore-scale investigation on the influences of mass-transfer-limitation on methane hydrate dissociation using depressurization [J]. International Journal of Heat and Mass Transfer, 2019, 144: 118656.

[180] YIN Z, CHONG Z R, TAN H K, et al. Review of gas hydrate dissociation kinetic models for energy recovery [J]. Journal of Natural Gas Science and Engineering, 2016, 35: 1362-1387.

[181] SINGH H, MAHABADI N, MYSHAKIN E M, et al. A mechanistic model for relative permeability of gas and water flow in hydrate-bearing porous media with capillarity [J]. Water Resources Research, 2019, 55(4): 3414-3432.

[182] KANG D H, YUN T S, KIM K Y, et al. Effect of hydrate nucleation mechanisms and capillarity on permeability reduction in granular media [J]. Geophysical Research Letters, 2016, 43(17): 9018-9025.

[183] HOU J, JI Y, ZHOU K, et al. Effect of hydrate on permeability in porous media: Pore-scale micro-simulation [J]. International Journal of Heat and Mass Transfer, 2018, 126: 416-424.

[184] JAMALUDDIN A K M, KALOGERAKIS N, BISHNOI P R. Modelling of decomposition of a synthetic core of methane gas hydrate by coupling intrinsic kinetics with heat transfer rates [J]. The Canadian Journal of Chemical Engineering, 1989, 67(6): 948-954.

[185] YOUSLF M H, ABASS H H, SELIM M S, et al. Experimental and theoretical investigation of methane-gas-hydrate dissociation in porous media [J]. SPE Reservoir Engineering, 1991, 6(01): 69-76.

[186] YIN Z, MORIDIS G, CHONG Z R, et al. Numerical analysis of experimental studies of methane hydrate dissociation induced by depressurization in a sandy porous medium [J]. Applied Energy, 2018, 230: 444-459.

[187] MAES J, SOULAINE C. A new compressive scheme to simulate species transfer across fluid interfaces using the Volume-Of-Fluid method [J]. Chemical Engineering Science, 2018, 190: 405-418.

[188] ABDOLI S M, SHAFIEI S, RAOOF A, et al. Insight into heterogeneity effects in methane hydrate dissociation via pore-scale modeling [J]. Transport in Porous Media, 2018, 124(1): 183-201.

[189] RIAUD A, ZHAO S, WANG K, et al. Lattice-Boltzmann method for the simulation of multiphase mass transfer and reaction of dilute species [J]. Physical Review E, 2014, 89(5): 053308.

[190] KRÜGER T, KUSUMAATMAJA H, KUZMIN A, et al. The lattice Boltzmann

method [M]. Switzerland: Springer, 2017.

[191] FRISCH U, HASSLACHER B, POMEAU Y. Lattice-gas automata for the Navier-Stokes equation [J]. Physical Review Letters, 1986, 56(14): 1505-1508.

[192] LATT J, MALASPINAS O, KONTAXAKIS D, et al. Palabos: Parallel lattice Boltzmann solver [J]. Computers & Mathematics with Applications, 2021, 81: 334-350.

[193] LI Q, LUO K H, KANG Q J, et al. Lattice Boltzmann methods for multiphase flow and phase-change heat transfer [J]. Progress in Energy and Combustion Science, 2016, 52: 62-105.

[194] WANG J, CHEN L, KANG Q, et al. The lattice Boltzmann method for isothermal micro-gaseous flow and its application in shale gas flow: A review [J]. International Journal of Heat and Mass Transfer, 2016, 95: 94-108.

[195] SILVA G, SEMIAO V. Consistent lattice Boltzmann modeling of low-speed isothermal flows at finite Knudsen numbers in slip-flow regime: Application to plane boundaries [J]. Physical Review E, 2017, 96(1-1): 013311.

[196] SILVA G. Consistent lattice Boltzmann modeling of low-speed isothermal flows at finite Knudsen numbers in slip-flow regime. II. Application to curved boundaries [J]. Physical Review E, 2018, 98(2-1): 023302.

[197] XIE C, ZHANG J, BERTOLA V, et al. Lattice Boltzmann modeling for multiphase viscoplastic fluid flow [J]. Journal of Non-Newtonian Fluid Mechanics, 2016, 234: 118-128.

[198] GUNSTENSEN A K, ROTHMAN D H, ZALESKI S, et al. Lattice Boltzmann model of immiscible fluids [J]. Physical Review A, 1991, 43(8): 4320-4327.

[199] SHAN X, CHEN H. Lattice Boltzmann model for simulating flows with multiple phases and components [J]. Physical Review E, 1993, 47(3): 1815-1819.

[200] SWIFT M R, ORLANDINI E, OSBORN W, et al. Lattice Boltzmann simulations of liquid-gas and binary fluid systems [J]. Physical Review E, 1996, 54(5): 5041.

[201] HE X, CHEN S, ZHANG R. A lattice Boltzmann scheme for incompressible multiphase flow and its application in simulation of Rayleigh-Taylor instability [J]. Journal of Computational Physics, 1999, 152(2): 642-663.

[202] WANG H, YUAN X, LIANG H, et al. A brief review of the phase-field-based lattice Boltzmann method for multiphase flows [J]. Capillarity, 2019, 2(3): 33-52.

[203] HUANG H, HUANG J-J, LU X-Y, et al. On simulations of high-density ratio flows using color-gradient multiphase lattice Boltzmann models [J]. International Journal of Modern Physics C, 2013, 24(04): 1350021.

[204] HUANG H, SUKOP M C, LU X Y. Multiphase lattice Boltzmann methods:

Theory and application [M]. West Sussex: Wiley, 2015.

[205] SU T, LI Y, LIANG H, et al. Numerical study of single bubble rising dynamics using the phase field lattice Boltzmann method [J]. International Journal of Modern Physics C, 2018, 29(11): 1850111.

[206] AMMAR S, PERNAUDAT G, TREPANIER J-Y. A multiphase three-dimensional multi-relaxation time (MRT) lattice Boltzmann model with surface tension adjustment [J]. Journal of Computational Physics, 2017, 343: 73-91.

[207] LI Q, LUO K H, LI X J. Lattice Boltzmann modeling of multiphase flows at large density ratio with an improved pseudopotential model [J]. Physical Review E, 2013, 87(5): 053301.

[208] LI Q, YU Y, LUO K H. Implementation of contact angles in pseudopotential lattice Boltzmann simulations with curved boundaries [J]. Physical Review E, 2019, 100(5-1): 053313.

[209] YIN C, WANG T, CHE Z, et al. Oblique impact of droplets on microstructured superhydrophobic surfaces [J]. International Journal of Heat and Mass Transfer, 2018, 123: 693-704.

[210] ZHANG D, PAPADIKIS K, GU S. Three-dimensional multi-relaxation time lattice-Boltzmann model for the drop impact on a dry surface at large density ratio [J]. International Journal of Multiphase Flow, 2014, 64: 11-18.

[211] GONG S, CHENG P. Numerical investigation of droplet motion and coalescence by an improved lattice Boltzmann model for phase transitions and multiphase flows [J]. Computers & Fluids, 2012, 53: 93-104.

[212] MU Y-T, CHEN L, HE Y-L, et al. Nucleate boiling performance evaluation of cavities at mesoscale level [J]. International Journal of Heat and Mass Transfer, 2017, 106: 708-719.

[213] BERGHOUT P, VAN DEN AKKER H E A. Simulating drop formation at an aperture by means of a multi-component pseudo-potential lattice Boltzmann model [J]. International Journal of Heat and Fluid Flow, 2019, 75: 153-164.

[214] DAUYESHOVA B, ROJAS-SOLÓRZANO L R, MONACO E. Numerical simulation of diffusion process in T-shaped micromixer using Shan-Chen lattice Boltzmann method [J]. Computers & Fluids, 2018, 167: 229-240.

[215] FANG W-Z, TANG Y-Q, CHEN L, et al. Influences of the perforation on effective transport properties of gas diffusion layers [J]. International Journal of Heat and Mass Transfer, 2018, 126: 243-255.

[216] PORTER M L, COON E T, KANG Q, et al. Multicomponent interparticle-potential lattice Boltzmann model for fluids with large viscosity ratios [J]. Physical Review E, 2012, 86(3): 036701.

[217] SBRAGAGLIA M, BELARDINELLI D. Interaction pressure tensor for a class

of multicomponent lattice Boltzmann models [J]. Physical Review E, 2013, 88(1): 013306.

[218] DONG B, YAN Y Y, LI W, et al. Lattice Boltzmann simulation of viscous fingering phenomenon of immiscible fluids displacement in a channel [J]. Computers & Fluids, 2010, 39(5): 768-779.

[219] LI M, HUBER C, MU Y, et al. Lattice Boltzmann simulation of condensation in the presence of noncondensable gas [J]. International Journal of Heat and Mass Transfer, 2017, 109: 1004-1013.

[220] MUKHERJEE S, BERGHOUT P, VAN DEN AKKER H E A. A lattice Boltzmann approach to surfactant-laden emulsions [J]. AIChE Journal, 2019, 65(2): 811-828.

[221] BAO J, SCHAEFER L. Lattice Boltzmann equation model for multi-component multi-phase flow with high density ratios [J]. Applied Mathematical Modelling, 2013, 37(4): 1860-1871.

[222] LIU M, YU Z, WANG T, et al. A modified pseudopotential for a lattice Boltzmann simulation of bubbly flow [J]. Chemical Engineering Science, 2010, 65(20): 5615-5623.

[223] MARTYS N S, CHEN H. Simulation of multicomponent fluids in complex three-dimensional geometries by the lattice Boltzmann method [J]. Physical Review E, 1996, 53(1): 743-750.

[224] HUANG H, THORNE D T, SCHAAP M G, et al. Proposed approximation for contact angles in Shan-and-Chen-type multicomponent multiphase lattice Boltzmann models [J]. Physical Review E, 2007, 76(6): 066701.

[225] KANG Q, ZHANG D, CHEN S. Displacement of a two-dimensional immiscible droplet in a channel [J]. Physics of Fluids, 2002, 14(9): 3203-3214.

[226] COLOSQUI C E, KAVOUSANAKIS M E, PAPATHANASIOU A G, et al. Mesoscopic model for microscale hydrodynamics and interfacial phenomena: Slip, films, and contact-angle hysteresis [J]. Physical Review E, 2013, 87(1): 013302.

[227] BENZI R, BIFERALE L, SBRAGAGLIA M, et al. Mesoscopic modeling of a two-phase flow in the presence of boundaries: The contact angle [J]. Physical Review E, 2006, 74(2): 021509.

[228] FLEKKOY E G. Lattice Bhatnagar-Gross-Krook models for miscible fluids [J]. Physical Review E, 1993, 47(6): 4247-4257.

[229] ZEISER T, LAMMERS P, KLEMM E, et al. CFD-calculation of flow, dispersion and reaction in a catalyst filled tube by the lattice Boltzmann method [J]. Chemical Engineering Science, 2001, 56(4): 1697-1704.

[230] SULLIVAN S P, SANI F M, JOHNS M L, et al. Simulation of packed bed

reactors using lattice Boltzmann methods [J]. Chemical Engineering Science, 2005,60(12): 3405-3418.

[231] KANG Q,LICHTNER P C,ZHANG D. Lattice Boltzmann pore-scale model for multicomponent reactive transport in porous media [J]. Journal of Geophysical Research: Solid Earth,2006,111(B5): B05203.

[232] WALSH S D,SAAR M O. Interpolated lattice Boltzmann boundary conditions for surface reaction kinetics [J]. Physical Review E,2010,82(6): 066703.

[233] ZHANG T,SHI B,GUO Z,et al. General bounce-back scheme for concentration boundary condition in the lattice-Boltzmann method [J]. Physical Review E, 2012,85(1): 016701.

[234] HUBER C,SHAFEI B,PARMIGIANI A. A new pore-scale model for linear and non-linear heterogeneous dissolution and precipitation [J]. Geochimica et Cosmochimica Acta,2014,124: 109-130.

[235] CHEN L,KANG Q,ROBINSON B A,et al. Pore-scale modeling of multiphase reactive transport with phase transitions and dissolution-precipitation processes in closed systems [J]. Physical Review E,2013,87(4): 043306.

[236] CHEN L,KANG Q, TANG Q,et al. Pore-scale simulation of multicomponent multiphase reactive transport with dissolution and precipitation [J]. International Journal of Heat and Mass Transfer,2015,85: 935-949.

[237] CHEN L, WANG M, KANG Q, et al. Pore scale study of multiphase multicomponent reactive transport during CO_2 dissolution trapping [J]. Advances in Water Resources,2018,116: 208-218.

[238] WEI X, LI W, LIU Q, et al. Pore-scale investigation on multiphase reactive transport for the conversion of levulinic acid to γ-valerolactone with Ru/C catalyst [J]. Chemical Engineering Journal,2022,427: 130917.

[239] DI PALMA P R,HUBER C, VIOTTI P. A new lattice Boltzmann model for interface reactions between immiscible fluids [J]. Advances in Water Resources, 2015,82: 139-149.

[240] YOSHIDA H,KOBAYASHI T, HAYASHI H,et al. Boundary condition at a two-phase interface in the lattice Boltzmann method for the convection-diffusion equation [J]. Physical Review E,2014,90(1): 013303.

[241] LU J H,LEI H Y, DAI C S. Analysis of Henry's law and a unified lattice Boltzmann equation for conjugate mass transfer problem [J]. Chemical Engineering Science,2019,199: 319-331.

[242] LI L,CHEN C, MEI R,et al. Conjugate heat and mass transfer in the lattice Boltzmann equation method [J]. Physical Review E,2014,89(4): 043308.

[243] MU Y-T,GU Z-L, HE P,et al. Lattice Boltzmann method for conjugated heat and mass transfer with general interfacial conditions [J]. Physical Review E,

2018,98(4): 043309.

[244] GUO K,LI L,XIAO G,et al. Lattice Boltzmann method for conjugate heat and mass transfer with interfacial jump conditions [J]. International Journal of Heat and Mass Transfer,2015,88: 306-322.

[245] LE G, OULAID O, ZHANG J. Counter-extrapolation method for conjugate interfaces in computational heat and mass transfer [J]. Physical Review E,2015, 91(3): 033306.

[246] CHEN L, ZHANG R, KANG Q, et al. Pore-scale study of pore-ionomer interfacial reactive transport processes in proton exchange membrane fuel cell catalyst layer [J]. Chemical Engineering Journal,2020,391: 123590.

[247] MU Y-T, WEBER A Z, GU Z-L, et al. Mesoscopic modeling of transport resistances in a polymer-electrolyte fuel-cell catalyst layer: Analysis of hydrogen limiting currents [J]. Applied Energy,2019,255: 113895.

[248] GINZBURG I,SILVA G. Mass-balance and locality versus accuracy with the new boundary and interface-conjugate approaches in advection-diffusion lattice Boltzmann method [J]. Physics of Fluids,2021,33(5): 057104.

[249] HU Z-X, HUANG J, HUANG W-X, et al. Second-order curved interface treatments of the lattice Boltzmann method for convection-diffusion equations with conjugate interfacial conditions [J]. Computers & Fluids, 2017, 144: 60-73.

[250] HU Z, HUANG J, YONG W A. Lattice Boltzmann method for convection-diffusion equations with general interfacial conditions [J]. Physical Review E, 2016,93: 043320.

[251] AKAI T,BLUNT M J, BIJELJIC B. Pore-scale numerical simulation of low salinity water flooding using the lattice Boltzmann method [J]. Journal of Colloid and Interface Science,2020,566: 444-453.

[252] LI P,BERKOWITZ B. Characterization of mixing and reaction between chemical species during cycles of drainage and imbibition in porous media [J]. Advances in Water Resources,2019,130: 113-128.

[253] FU Y,BAI L,ZHAO S,et al. Simulation of reactive mixing behaviors inside micro-droplets by a lattice Boltzmann method [J]. Chemical Engineering Science,2018,181: 79-89.

[254] HE Y L,LIU Q,LI Q,et al. Lattice Boltzmann methods for single-phase and solid-liquid phase-change heat transfer in porous media: A review [J]. International Journal of Heat and Mass Transfer,2019,129: 160-197.

[255] KARANI H, HUBER C. Lattice Boltzmann formulation for conjugate heat transfer in heterogeneous media [J]. Physical Review E,2015,91(2): 023304.

[256] BISHNOI P R, NATARAJAN V. Formation and decomposition of gas

hydrates[J]. Fluid Phase Equilibria,1996,117(1): 168-177.

[257] MORIDIS G J. TOUGH + HYDRATE v1. 2 User's manual: A code for the simulation of system behavior in hydrate-bearing geologic media [M]. Berkeley: Lawrence Berkeley National Laboratory,2012.

[258] KAMATH V A. Study of heat transfer characteristics during dissociation of gas hydrates in porous media [R]PA,USA: Pittsburgh University,1984.

[259] GUO Z,ZHENG C. Analysis of lattice Boltzmann equation for microscale gas flows: Relaxation times, boundary conditions and the Knudsen layer [J]. International Journal of Computational Fluid Dynamics,2008,22(7): 465-473.

[260] YUAN P,SCHAEFER L. Equations of state in a lattice Boltzmann model [J]. Physics of Fluids,2006,18(4): 042101.

[261] LANDAU L D,LIFSHITZ E M. Fluid mechanics: Landau and Lifshitz: Course of theoretical physics,Volume 6 [M]. Oxford: Elsevier,2013.

[262] WEN B,AKHBARI D,ZHANG L,et al. Convective carbon dioxide dissolution in a closed porous medium at low pressure [J]. Journal of Fluid Mechanics, 2018,854: 56-87.

[263] JIANG P-X, REN Z-P. Numerical investigation of forced convection heat transfer in porous media using a thermal non-equilibrium model [J]. International Journal of Heat and Fluid Flow,2001,22(1): 102-110.

[264] HAROUN Y, LEGENDRE D, RAYNAL L. Volume of fluid method for interfacial reactive mass transfer: Application to stable liquid film [J]. Chemical Engineering Science,2010,65(10): 2896-2909.

[265] MARSCHALL H, HINTERBERGER K, SCHÜLER C, et al. Numerical simulation of species transfer across fluid interfaces in free-surface flows using OpenFOAM [J]. Chemical Engineering Science,2012,78: 111-127.

[266] MAES J, SOULAINE C. A unified single-field volume-of-fluid-based formulation for multi-component interfacial transfer with local volume changes [J]. Journal of Computational Physics,2020,402: 109024.

[267] SOULAINE C,ROMAN S, KOVSCEK A, et al. Pore-scale modelling of multiphase reactive flow: Application to mineral dissolution with production of [J]. Journal of Fluid Mechanics,2018,855: 616-645.

[268] DEISING D, MARSCHALL H, BOTHE D. A unified single-field model framework for volume-of-fluid simulations of interfacial species transfer applied to bubbly flows [J]. Chemical Engineering Science,2016,139: 173-195.

[269] YANG J,DAI X,XU Q,et al. Lattice Boltzmann modeling of interfacial mass transfer in a multiphase system [J]. Physical Review E,2021,104(1): 015307.

[270] CHAI Z,ZHAO T S. Lattice Boltzmann model for the convection-diffusion equation [J]. Physical Review E,2013,87(6): 063309.

[271] GRAVELEAU M,SOULAINE C,TCHELEPI H A. Pore-scale simulation of interphase multicomponent mass transfer for subsurface flow [J]. Transport in Porous Media,2017,120(2): 287-308.

[272] HOU Y,DENG H,DU Q,et al. Multi-component multi-phase lattice Boltzmann modeling of droplet coalescence in flow channel of fuel cell [J]. Journal of Power Sources,2018,393: 83-91.

[273] MASUDA Y. Numerical calculation of gas-production performance from reservoirs containing natural gas hydrates [C]//SPE Asia Pacific Oil & Gas Conference & Exhibition. Kuala Lumpur, Malaysia: [s. n.],1997.

致　　谢

　　首先,感谢我的导师史琳教授,是您的教导为我指明了人生的道路,在我迷茫困惑时,您给予了我最有力的鼓励和支持,让我在学术研究这条路上能够坚定不移地走下去。您严谨求实的学术态度和谦逊包容的为人品格深深感染了我,令我受益终生。是您一步步带领我明确了科学研究的方向,厘清了科学研究的思路,掌握了科学研究的方法,走进了科学研究的世界,您在学术思想和方法上对我的教诲,我终生难忘。做您的学生是幸福的,在我的博士研究生学习生涯中,时时刻刻能感受到您始终以学生为第一位的关怀,无论是学习研究还是工作生活,我知道您始终牵挂着我。在我心里,您不只是我的导师,更是我的长辈亲人,您的恩情我会永远牢记。

　　感谢我的师兄许强辉博士对我的帮助,许师兄是我学习的榜样,尤其是您严谨的科研精神和刻苦的工作态度时刻激励着我。在我的研究遇到难题时,和您的讨论总能让我茅塞顿开,让我对自己的课题有了更深入的认识。不光在工作中,在生活上您也对我照顾有加,时刻为我着想。在我心里,您就是我敬爱的亲兄长,我会永远珍惜与您工作的这段时光。

　　感谢戴晓业老师的辛勤付出,您在科研工作和人生规划方面对我的指导和帮助令我没齿难忘。感谢刘志颖师兄、王东泽师兄、李辉老师在我科研工作中给予的支持,感谢英国伦敦大学学院罗开红老师对我的鼓励和帮助,感谢课题组同学对我的科研工作提供了宝贵的建议,感谢中国石油勘探开发研究院、深圳清能艾科有限公司前辈们的指导和照顾,感谢在我科研工作中帮助过我的每一位同仁。

　　本课题承蒙国家自然科学基金(No.51876100)资助,特此致谢。